终端安全防护技术

张明书　魏彬　刘龙飞　著

西安电子科技大学出版社

内 容 简 介

本书以信息安全为出发点，结合作者多年的实际工作经验，介绍了五种新型终端安全防护技术，分别为基于用户鼠标使用特征的认证技术、基于OCR的移动终端涉密信息监测技术、基于人体固态特征的智能安全身份识别技术、基于YAO电路的致病基因检测终端防护技术和基于瞳孔移动轨迹的身份认证技术。书中详细介绍了这五种技术的设计过程及实现框架，按照书中的思路可逐步实现这些技术。

本书可作为高等院校信息安全、信息工程、电子与信息工程等专业高年级本科生教材，也可作为大学生信息安全相关竞赛的学习参考书。

图书在版编目(CIP)数据

终端安全防护技术/张明书，魏彬，刘龙飞著. --西安：西安电子科技大学出版社，2023.11
ISBN 978-7-5606-6864-2

Ⅰ.①终… Ⅱ.①张… ②魏…③刘… Ⅲ.①移动终端—安全技术—高等学校—教材 Ⅳ.①TN929.53

中国国家版本馆CIP数据核字(2023)第065979号

策　　划　陈　婷
责任编辑　陈　婷
出版发行　西安电子科技大学出版社(西安市太白南路2号)
电　　话　(029)88202421　88201467　　　邮　　编　710071
网　　址　www.xduph.com　　　　　　　　电子邮箱　xdupfxb001@163.com
经　　销　新华书店
印刷单位　咸阳华盛印务有限责任公司
版　　次　2023年11月第1版　2023年11月第1次印刷
开　　本　787毫米×960毫米　1/16　印张　7.75
字　　数　114千字
印　　数　1～1500册
定　　价　30.00元
ISBN 978-7-5606-6864-2/TN
XDUP 7166001-1

* * * **如有印装问题可调换** * * *

前　言

信息技术的快速发展和普及应用，给人们的工作和生活带来了极大便利，但同时也带来了诸多信息安全问题。当前，网络与信息安全更是上升到了国家安全的高度，其内容涉及机关办公、日常生活等各个方面，不仅影响到个人和企事业单位相关的信息资源，也关乎着国家安全与社会稳定。本书关注信息领域的关键应用，在对其信息安全问题进行深入思考的基础上，结合指导全国大学生信息安全竞赛的实践经验，总结分析了多种典型案例及研究成果。本书是作者多年教学工作与科研成果的体现，兼顾了理论原理与实用案例、研究思维与实践方案，深入浅出，循序渐进。全书的计划制订、设计撰写以及各案例的实验验证，均凝聚了各位作者的心血。全书共 6 章，其中：第 1、2 章由张明书编写，主要简述基于用户鼠标使用特征的身份认证技术；第 3、4 章由魏彬编写，主要介绍基于 OCR 的移动终端涉密信息监测技术与基于人体固态特征的智能安全身份识别技术；第 5、6 章由刘龙飞编写，主要介绍基于 YAO 电路的致病基因检测终端防护技术与基于瞳孔移动轨迹的身份认征技术。

本书瞄准信息安全技术发展前沿，从身份认证、涉密信息监测和用户特证识别等技术入手，以实践案例和方法路径为切入点，帮助读者掌握相关知识，提升信息安全保密实践技能。限于作者水平，书中可能还存在不足之处，恳请读者批评指正。

作　者

2023 年 5 月

目　录

第 1 章　绪　　论

随着信息时代的到来，互联网技术不断地改变着人们传统的生产和生活方式，“地球村”已经成为现实。如图 1－1 所示，根据《中国互联网络发展状况统计报告》显示，截至 2020 年 12 月，中国网民规模达 9.89 亿，相当于欧洲人口总量，互联网普及率达 70.4％。中国互联网行业整体向规范化、价值化发展，同时，移动互联网推动了消费模式共享化、设备智能化和应用场景多元化。

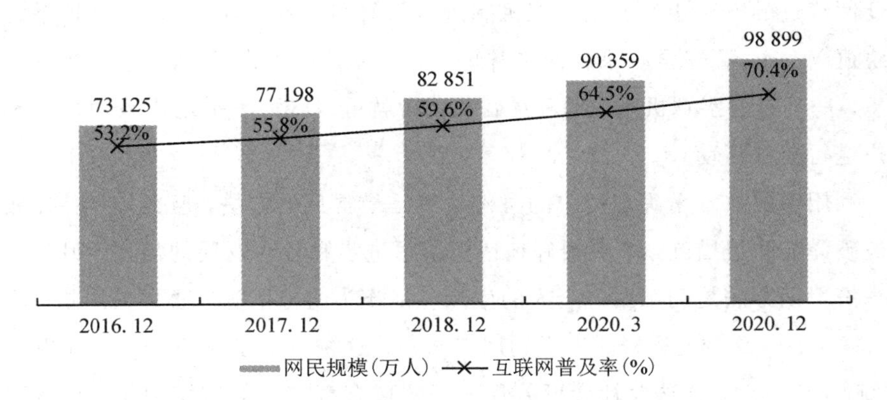

图 1－1　中国网民规模和互联网普及率

如图 1－2 所示，截至 2020 年 12 月，我国网民使用台式电脑、笔记本电脑上网的比例分别为 32.8％、28.2％。PC 端硬件具有多样性、高兼容性以及开发周期相对较短等特点，在更新换代上速度会远快于移动终端，且在专业领域中 PC 更是一个强大的多元工作平台和服务提供平台。尽管移动互联网能基本满足每个人对信息的需求，可是 PC 终端依旧是所有互联网终端中性能最高、功能最全面、专业服务能力最强的设备，是网民上网的一大主体设备。

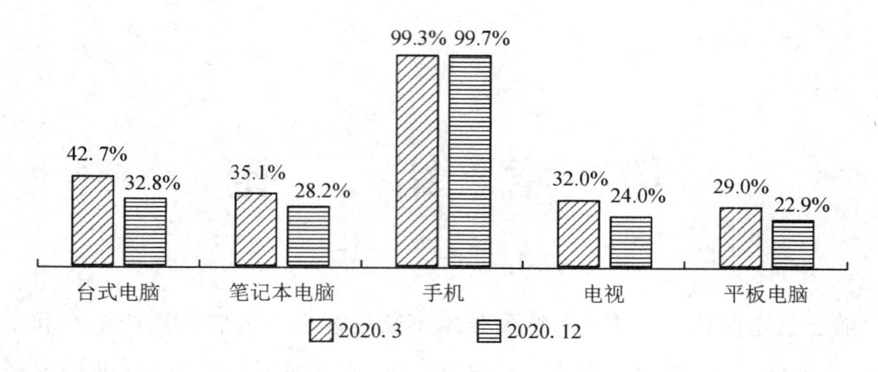

图1-2 互联网接入设备使用情况

目前计算机一般通过设置用户口令进行身份鉴别，防止他人冒名顶替。但这种方式已经暴露出易被仿冒、复制、遗忘、破解等诸多问题。冒名顶替者可通过猜想破译用户口令或密码，强行闯过计算机系统的安全防卫机制；也可采用迂回绕过的方法避开安全防卫机制进入计算机系统，如使用 WinPE 系统直接绕过 Windows 安全登录界面。因此，个人及社会信息管理安全存在巨大的隐患，一旦身份鉴别机制失效，冒名顶替者就可以轻而易举地进入用户的私人账户进行非法活动。

利用密码技术来确定用户的身份虽然是最常见的方法，但也是一种比较容易被破译的防卫措施，不能很好地适应技术进步和社会发展的需要。另一种用户身份识别方法是利用用户个人的生物特征作为防范措施，通常采用指纹、手纹、唇纹、声音等生物特征来识别用户身份。这种方法安全系数大，在电子商务、政务、金融、司法及社会事务管理等领域有着广泛的应用前景，日益引起人们的关注并成为研究热点。

本书从信息安全的角度出发，全面详细地介绍了五种全新的终端安全防护技术。

(1) 基于用户鼠标使用特征的认证技术。鼠标是最常用的一种终端输入设备，研究发现不同个体在该设备的使用上存在一定的差异。书中通过设计智能算法，学习个体鼠标使用特征，达到通过分析鼠标使用特征鉴别人员身份的目的。算法主要以鼠标移动速度和双击时间间隔两个信息特征作为主要鉴别的依据，综合使用 F-score、Relief、NUMDA、SVM 等智能算法进行身份识别认证，实验证明本算法具有准确率高、执行速度快等优点。

(2) 基于OCR的移动终端涉密信息监测技术。通过智能移动终端拍照、聊天等方式造成的无意识泄密已成为当前失泄密案件的高发区，如何防止此类事件的发生成为研究热点。书中设计了一种基于OCR的智能检测软件，实现了对涉密内容的监控。其功能主要分为两大部分：一是实时安全防护，可对拍照功能进行监管，防止拍摄内容涉密的情况发生；二是后台扫描功能，对本地内容进行全面扫描，自动删除含有敏感信息的图片，从而全方位地确保终端安全。

(3) 基于人体固态特征的智能安全身份识别技术。生物信息识别是当前研究的重点、热点问题，然而指纹等广泛使用的信息存在一定的安全隐患。研究发现人类手指间的距离、手势等特征具有较强的特殊性。通过深入分析当下各种智能安全身份识别系统的安全需求，书中设计了一种人体固态特征的智能安全身份识别系统，其随着手势随机组合数量的增加，安全性呈指数级增长。该系统的主要特点是唯一性、稳定性和不易被模仿伪造性。

(4) 基于YAO电路的致病基因检测终端防护技术。进行医学研究与保护患者隐私是一对矛盾体，如何在科学、全面展开致病基因研究的同时，更好地保护患者的隐私是当前云环境下一个重要的研究方向。书中介绍了一种采用YAO电路来执行所需计算的方法，可保证在执行过程中不泄露任何参与者的信息，达到对患者基因信息保密的目的。YAO电路是1986年由姚期智教授提出的，所以又称为姚氏电路。

(5) 基于瞳孔移动轨迹的身份认证技术。自新冠疫情暴发以来，高效的、非接触式的身份认证方法需求大增。人的瞳孔具有较强的灵活性，书中利用瞳孔移动轨迹结合SHA1算法设计了一种密钥生成系统，其主要由标定点坐标预处理、瞳孔捕捉、信息生成和身份判定四大模块组成，在身份认证过程中具有非接触、安全性高、灵活性强等特点，为身份认证领域研究提供了一种全新的思路和解决方案。

第2章 基于用户鼠标使用特征的认证技术

2.1 概 述

基于用户鼠标使用特征的认证技术的初衷是给口令加上一个简便而有效的保护措施，通过获取并分析用户使用鼠标的特征数据，自动地识别出用户的真实身份。这一辅助身份鉴别的关键问题是寻找准确率高、执行速度快的识别算法。本章针对目前现有相关算法在准确率和执行速度上不能兼顾等问题进行了深入研究，并完成了基于用户鼠标使用特征的身份认证系统。

本章介绍的技术对用户使用鼠标时产生的一些能代表用户特征的数据进行了分析，确定了以鼠标移动速度和双击时间间隔两个信息特征作为主要鉴别的依据。将 F-score 过滤算法、Relief 过滤算法、单变量边缘分布算法、NUMDA 算法和 SVM 算法进行组合，封装成 DFW 组合算法，采用其进行身份识别认证，并为系统设计了人机交互界面，对系统进行了全面测试和分析。实验结果表明，该身份认证系统可靠、完善、稳定、友好。

2.2 背景及意义

2.2.1 设计背景

由于互联网的迅速普及，涉及大量需要对用户进行身份鉴别的应用场景。目前，绝大多数 PC 终端应用都是采用密码、口令等方式作为区分用户身份的唯一标识。这些方式可能导致木马病毒等盗取用户口令信息，从而使攻击者非法登录用户应用，同时也需要用户记忆密码或口令。生物识别方式因其更加便捷、安全而逐渐流行。

生物识别方式是指利用人体本身的生理特征或者行为特征进行身份的认证，在很大程度上提高了认证的便捷性和安全性，克服了传统的基于口令、密码等身份认证模式中存在的繁多复杂及易丢失、遗忘、被攻击等不足。虽然指纹、虹膜、声音等识别技术具有很高的准确率，识别速度也很快，但是需要额外的硬件设备。这些设备一般都很昂贵，而且识别准确率越高，价格也越高，这在很大程度上影响了它们在普通用户中的推广。相比之下，利用鼠标使用特征进行识别不需要任何附加设备，并且也可以达到较高的准确率，因此极易普及。表2－1 比较了常用的几种生物识别技术的有效性和可接受程度。

表 2－1　常见生物识别技术的有效性和可接受程度比较

有效性(由上至下，依次降低)	可接受程度(由上至下，依次降低)
视网膜识别	鼠标使用特征识别
指纹识别	字迹识别
掌纹识别	声音识别
声音识别	掌纹识别
鼠标使用特征识别	指纹识别
字迹识别	视网膜识别

在表 2－1 所列的技术中，基于计算机鼠标使用特征的认证方法不需要额外添加设备，在大多数计算机上可以直接运用。

鼠标使用特征识别的身份认证系统中有一个基本假设：对每个用户而言，其鼠标操作都存在与其他用户显著的不同。由于每个用户存在生理差异且行为习惯不同，因而在使用鼠标、键盘时可能会有不同的习惯，比如鼠标轨迹、鼠标滚轮操作速度、鼠标左右键的使用习惯、击键时间间隔和击键迟延时间等。不同用户的操作行为区别较大，如不同用户在移动鼠标时的力度以及准确定位的能力不同。鼠标的行为特征是指用户操作鼠标的习惯。对于不同用户，其鼠标双击时间间隔存在差异，如图 2－1 所示。

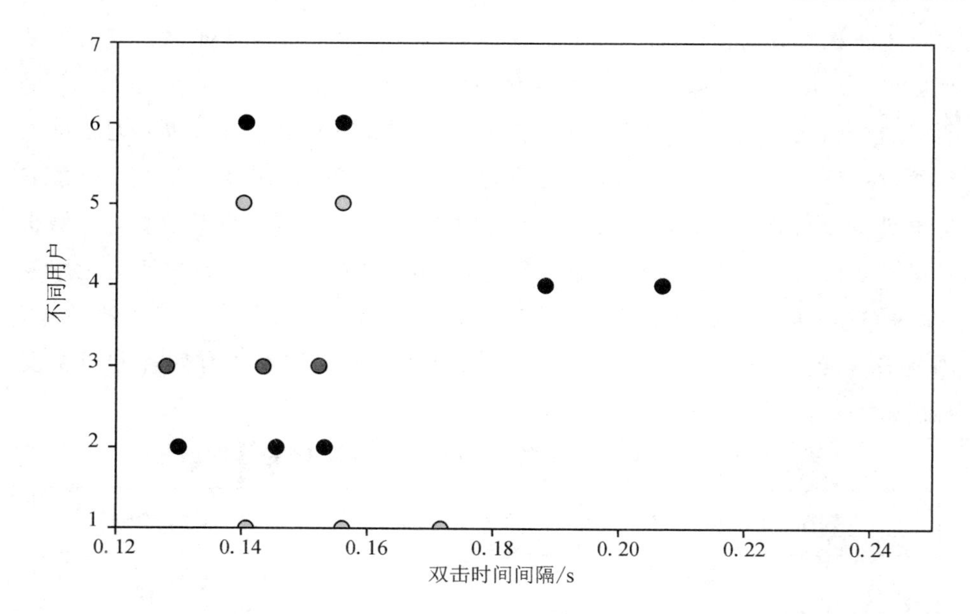

图 2-1　不同用户鼠标的双击时间间隔分布

本章讨论的方法将以使用鼠标过程中的光标滑动速度和左键双击时间间隔作为用户输入的生物特征，然后将这些生物特征输入机器学习模型中进行学习。在密码验证的情景下，以用户输入的生物特征作为验证密码，系统将对输入的“密码”进行分析识别，判断该用户是否合法，这增强了身份鉴别的安全性。这种方法在使用过程中仅需使用普通键盘和鼠标，并且系统对用户透明，可广泛适用于各种应用中的密码验证部分。

2.2.2　方案设计

方案设计主要包括以下几方面：

（1）技术实现名称：基于用户鼠标使用特征的认证系统。

（2）适用人群：大多数计算机用户。

（3）目标：结合用户使用鼠标的习惯，系统对数据进行采集，并对采集到的特征信息进行处理、保存。当有用户登录系统时，从合法用户鼠标使用特征数据库中提取数据输入决策模型来分析用户是否合法，从而实现用户身份认证，并且根据数据库提供的各种安全措施来保障数据的安全。

（4）面向对象：鼠标左键双击时间间隔、鼠标移动的速度。

（5）模块组成：该系统有两个主要模块，分别是训练模块和认证模块。训练和认证都是在特定的场景内进行，用户必须根据软件界面给出的提示完成指定的操作。对于非指定操作、认证或训练，系统将会自动屏蔽对应的行为数据，并且用户无法完成当前认证或训练。训练模块采用机器学习模型对收集到的数据进行分析和学习。认证模块采用决策模型对收集到的用户行为数据进行比对，然后对登录操作系统的用户进行身份认证。训练模块和认证模块的具体功能划分如图 2－2 所示。

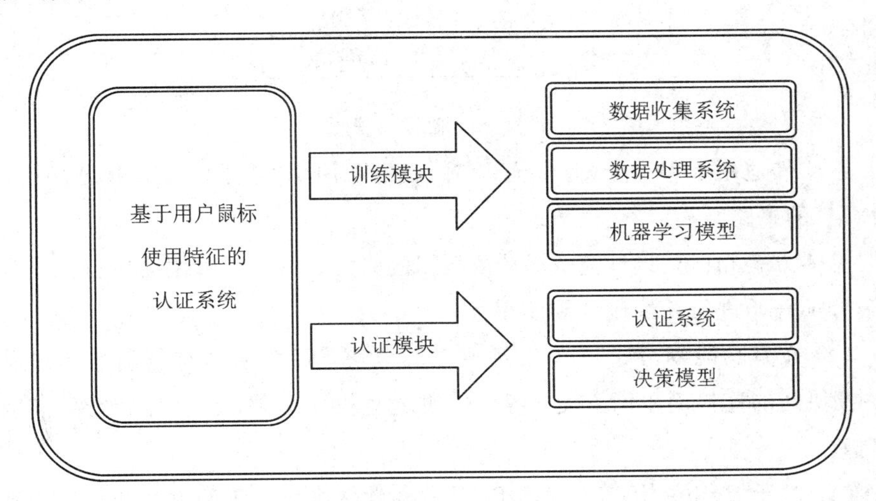

图 2－2　功能划分

2.2.3　设计流程

基于用户鼠标使用特征的认证系统实现的研发过程主要包括图 2－3 所示的五个阶段。

该系统设计的实现结合当前实际，深入分析、科学论证，提出了目标明确、细致可行的项目需求。根据分析，无论是对计算机一般用户还是特殊行业的用户来说，身份认证的安全性、可靠性十分重要，通过对计算机用户群的鼠标使用特征设置的基于鼠标使用特征的身份认证系统，可以更加专业地对用户鼠标使用特征进行检测、扫描、定位、判别，识别登录人是否为合法用户，从而保护用户的信息安全。

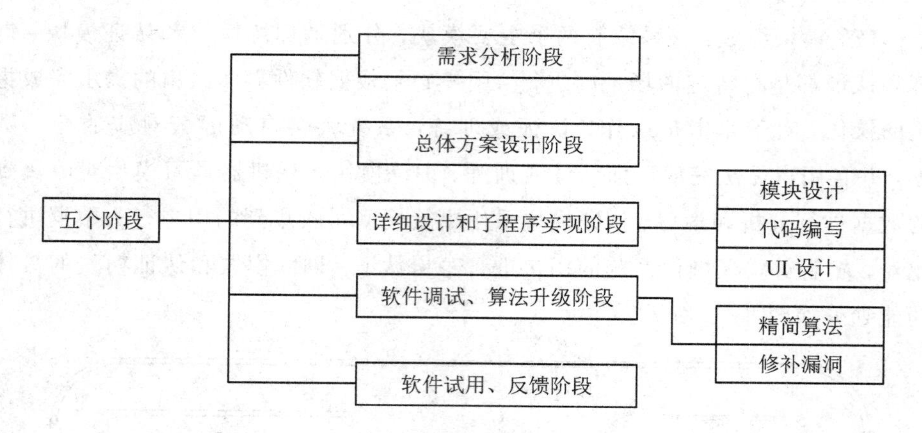

图 2-3　阶段流程图

本软件适用于 Windows 系统，在研制中采用了“注重实用，突出特色，安全稳定”的思路。

总体方案和概要设计完成后，按数据的采集、录入和对数据进行深度学习两个分项开始进行详细设计和实现。

(1) 按其功能划分了许多相对独立的模块，每个模块有其信息入口和出口，模块间的连接简单而方便，各个模块之间相互协调，使程序运行处理时更加高效。

(2) 基于 Python 语言，利用 PyCharm 软件进行代码的编写和程序中数据的处理。鼠标采集用户训练和认证的行为数据，采用机器学习模型对采集到的数据进行分析和学习，采用决策模型对采集到的用户行为数据进行比对，然后对登录操作系统的用户进行身份认证。系统采用灵活的结构布局，允许用户在系统原有部件的基础上进行二次开发。

(3) 为使此技术实现的界面更加友好，在 UI(User Interface，用户接口)界面中添加了人机交互模块，方便用户在操作过程中得到系统的反馈；为了使用户可以更好地使用该软件，在菜单栏中增添了使用说明、注意事项等。

在惠普 Windows 10 笔记本电脑和三星 Windows 7 台式设备上进行软件检测，通过实时反馈的信息，团队进行讨论分析，修补程序中存在的漏洞，优化程序中的算法流程，精简核心算法，让程序运行更流畅、高效。

试用的数据表明，该软件在使用过程中，能够准确进行身份认证，及时分辨用户的真假，可有效提高使用者的计算机安全。同时，软件操作简单，后台运行安全稳定，内存占用率低，实用性强。

2.3　框架设计与实现

2.3.1　系统组成

鼠标使用特征的认证系统基于 Python 语言，在 PyCharm 平台上实现。如前所述，该系统主要由数据收集系统、数据处理系统、认证系统、机器学习模型和决策模型五部分构成。训练模块与认证模块分布运行，训练模块为认证模块提供认证的依据，认证模块则回馈给训练模块用于训练的合法数据。

（1）数据收集系统：当系统检测到有用户正在登录时，对用户使用鼠标的特征信息进行采集，并且对于非指定的操作产生的数据，系统将会自动屏蔽并在 UI 界面中做出相对应的提示，再将合理的数据送给数据处理系统。

（2）数据处理系统：对数据收集系统收集的数据进行处理，把无用数据或偶然数据剔除，留下能够代表合法用户特征的数据集，再将这些数据集处理成一组 $m\times n$ 维的数据 G，送给决策模型。

（3）认证系统：对决策模型输出的结果进行识别，然后将识别结果输出给 UI 界面，并且将输出结果为合法用户的数据存入数据库中，以便机器学习模型对新的数据进行学习。

（4）机器学习模型：对合法用户鼠标使用特征数据库输入的新数据不断进行学习，提高系统识别的准确率。

（5）决策模型：模型中包括三个决策算法，对数据处理系统送来的数据进行判别。如果三个决策算法中有两个以上给出“通过”的决策结果，则在认证系统中输出合法用户；反之，则在认证系统中输出非法用户。

系统架构如图 2 - 4 所示。

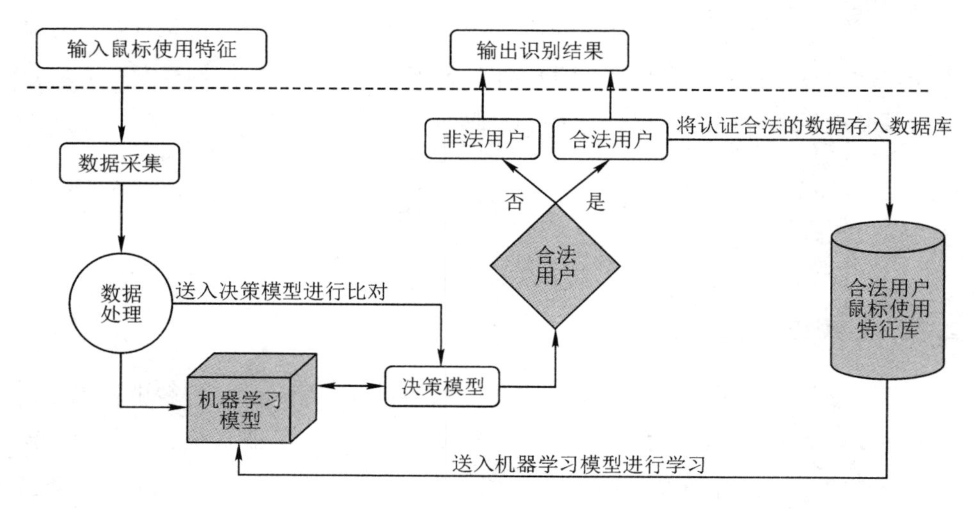

图 2-4　系统架构

该系统的开发环境如下：

- 开发语言：Python 语言；
- 运行环境：Python 3.6.5、pyHook-1.5.1.dist-info、numpy-1.14.2.dist-info、sklearn-0.0.dist-info；
- 开发工具：JetBrains PyCharm PY-181.4203.547(2017/3/4)。

该系统的技术指标如下：

(1) 支持微软主流操作系统；

(2) 建议设备处理器 2.6 GHz 以上，内存在 4 GB 以上；

(3) 微软操作系统需要得到系统用户授权。

1. 数据采集

鼠标是用户与计算机交互常用的工具之一，由于不同用户使用鼠标的熟练度和习惯等方面的不同，他们使用鼠标时，鼠标在显示屏上滑过的轨迹特征、移动速度和双击时间间隔也可能存在差异。

在 Python3.6.5 环境下，调用 pyHook 库函数设置鼠标钩子对鼠标事件进行监听。当鼠标的左键点击软件主界面手势密码按钮时，系统会从监听记录中得到计算机光标此时在屏幕中的像素点位置(x, y)和当前时间簇 t 等信息。每两点之间的速度 $\bar{v}$ 为

$$\bar{v}=\frac{\sqrt{(\Delta x)^2+(\Delta y)^2}}{\Delta t}=\frac{\sqrt{(x_2-x_1)^2+(y_2-y_1)^2}}{t_2-t_1} \tag{2-1}$$

鼠标的双击时间间隔也是调用相同库函数，当鼠标点击双击按钮时，从监听记录中返回计算机当前时间簇 t，双击时间间隔 T 为

$$T=t_2-t_1 \tag{2-2}$$

2. 特征数据的处理

数据采集完成后要先经过数据处理，再送入模型中进行学习。

通过数据采集系统得到的数据只是一些没有规则的数据集合。通过数据预处理，将每一组数据都处理成式(2-3)所示的数据格式：

$$N=[\bar{v}_1,\bar{v}_2,\cdots,\bar{v}_{36},t_1] \tag{2-3}$$

其中，36为采集样本数据量。对数据集进行处理，提取出 n 组。

3. 机器学习模型

特征选择(Feature Selection，FS)是选择最优特征子集的过程，即根据一定的评判准则选出最小的一组特征集合使得分类结果达到和选择前近似或更好的效果。特征选择算法可分为以下几种。

(1) 嵌入式算法(Embedded)：选择算法嵌入到学习算法中，如决策树、随机森林等算法。

(2) 过滤算法(Filter)：独立于学习算法，根据数据本身所具有的内部特征对属性的重要度进行度量，常用的评价标准有基于距离的、基于信息的、基于独立性的、基于连续性的等。

(3) 封装算法(Wrapper)：将学习算法的性能作为特征评价标准，即学习算法与选择算法相辅相成。

使用特征选择方法不仅可以提高学习算法的运行效率，而且能够增强学习算法的泛化能力，同时经选择得到的子集更容易理解和解释。

2.3.2　实现原理

1. 过滤算法

1) F-score

F-score是一种简单有效的过滤算法，使用特征(鼠标使用特征)在正负两

类样本间的分辨能力定义特征的重要度。给定一组 $m \times n$ 维的鼠标特征数据 G，其中 m 和 n 分别为样本数和特征数。正负两个样本(case 和 control)中的样本数目分别为 n_+ 和 n_- ($n_+ + n_- = m$)，则第 i 个特征的 F-score 定义如下：

$$F(i) = \frac{(\bar{x}_i^{(+)} - \bar{x}_i)^2 + (\bar{x}_i^{(-)} - \bar{x}_i)^2}{\frac{1}{n_+ - 1}\sum_{k=1}^{n_+}(x_{k,i}^{(+)} - \bar{x}_i^{(+)})^2 + \frac{1}{n_- - 1}\sum_{k=1}^{n_-}(x_{k,i}^{(-)} - \bar{x}_i^{(-)})^2} \tag{2-4}$$

式中：$\bar{x}_i$、$\bar{x}_i^{(+)}$、$\bar{x}_i^{(-)}$ 分别表示第 i 个特征在整个数据集、正类以及负类中的平均值；$x_{k,i}^{(+)}$ 为第 i 个特征在第 k 个正类样本中的取值；$x_{k,i}^{(-)}$ 为第 i 个特征在第 k 个负类样本中的取值。式(2-4)的分子反映了特征在两类样本间的区分程度，而分母则反映了特征在两类样本内部的分布。F-score 取值越大，则对应特征对两类样本的辨别能力越强，即对应的鼠标使用特征与用户的关联性越强。通过设定阈值的方法可以过滤掉一些冗余信息，本章选取所有特征 F 值的中位数为阈值，小于该值的鼠标使用特征被过滤掉。

2）Relief

Relief 算法是最有效的特征选择算法之一，运行效率高，适用于大规模数据处理。Relief 通过特征对最邻近样本的区分能力进行评价，它认为重要的特征应使同类样本接近而不同类样本间差别较大。算法在给定数据集 G 中随机选择一样本 x，并根据欧氏距离在同类样本中寻找最相似样本，记为 $NH(x)$。同样地，在不同类样本中寻找最相似样本，记为 $NM(x)$，然后将每一维特征的权值更新为

$$W_i = W_i + |x^{(i)} - NM^{(i)}(x)| - |x^{(i)} - NH^{(i)}(x)|,\ i = 1, 2, \cdots, n \tag{2-5}$$

式中：$x^{(i)}$、$NM^{(i)}(x)$ 和 $NH^{(i)}(x)$ 分别表示样本 x、$NM(x)$ 以及 $NH(x)$ 的第 i 个特征的取值，每个特征的初始权值为 0。从上式可以看出，如果 $|x^{(i)} - NM^{(i)}(x)| > |x^{(i)} - NH^{(i)}(x)|$，则说明该特征对分类有贡献，所以其权值增加；反之，则该特征不利于区分两个样本，权值应减小。算法重复上述过程 L 次，最后输出特征权值的平均值，该值越大表明特征对分类的贡献越强。所有特征 F 值的中位数也被设置为阈值。

2. 封装算法

近年来已有许多封装算法被提出，这些方法大体可以分为两类：基于序列

搜索算法(Sequential Search，SS)和基于进化算法(Evolutionary Algorithm，EA)的方法。Kudo 的研究表明 SS 方法适合于解决中小规模问题，而 EA 方法在大规模数据中有着比较好的表现。

1) 单变量边缘分布算法

进化算法是一种群体智能算法，其在特征选择领域有着非常广泛的应用。遗传算法(Genetic Algorithm，GA)通过选择、交叉、变异等操作模拟生物进化及遗传机制，它是到目前为止最成功、应用最为广泛的一种进化算法。然而，选择、交叉等操作会造成“构造块破坏”现象，从而导致算法早熟或者陷入局部最优。为了克服 GA 的这些不足，一种将 GA 和统计学习理论相结合的进化算法——分布估计算法(Estimation of Distribution Algorithm，EDA)于 1996 年被提出。EDA 有两个重要的步骤：① 对优势群体建立概率模型；② 依照所得概率模型进行采样。德国研究者 Muhlenbein 提出的单变量边缘分布算法(Univariate Marginal Distribution Algorithm，UMDA)是应用范围最为广泛的一种 EDA。UMDA 的流程如下：

(1) 随机生成 M 个个体作为初始群体 $p_l(x)$。

(2) 计算每个个体的适应度值。

(3) 选择 N 个适应度值最高的个体作为优势群体 D_s^l，其中 $N<M$。

(4) 构建 D_s^l 的概率模型：

$$p_l(x) = p(x \mid D_s^l) = \prod_{i=1}^{n} p_l(x_i) = \prod_{i=1}^{n} \frac{\sum_{j=1}^{N} \delta_j(X_i = x_i \mid D_s^l)}{N} \tag{2-6}$$

式中，n 为变量个数，

$$\delta_j(X_i = x_i \mid D'_s) = \begin{cases} 1 & X_i = x_i \\ 0 & \text{其他} \end{cases}$$

(5) 采样概率向量 $p_l(x)(M-N)$次，与 N 个优势个体组成新一代群体。

(6) 如果符合终止条件，则算法结束，否则返回步骤(2)。

2) 改进的 UMDA

当使用 UMDA 时，种群多样性的缺失(尤其是在进化后期)是算法极易陷入局部最优的主要原因之一。因此，人们提出了一种新的 UMDA(NUMDA)，用于克服标准 UMDA 的不足。NUMDA 与原算法最大的不同之处在于每一代选择的优势个体的数目(N_t)是动态变化的，而不是固定不变的，其定义如下：

$$N_t = \left\lceil (N_{\max} - N_{\min}) \times \frac{\text{iter}}{\text{iter}_{\max}} + N_{\min} \right\rceil \tag{2-7}$$

式中：iter 表示当前迭代次数；$\text{iter}_{\max}$ 表示算法最大迭代次数；$N_{\max}$ 和 $N_{\min}$ 分别表示可选择优势个体数目的上、下界。使用该策略算法在进化初期选择的优势个体较少，这样可使种群快速地向优势个体靠拢，即在进化初期收敛速度较快；在进化后期，由于选择了较多的个体作为优势个体，从而尽可能大地保持种群的多样性。

3）SVM

支持向量机(Support Vector Machines，SVM)是 20 世纪 90 年代中期提出来的一种新型结构化学习算法。SVM 优化准则为结构风险最小化，其基本思想是将正负两类样本(分别对应于实心点和空心点)通过核函数映射到一个高维特征空间中，在该特征空间中两类样本线性可分，并寻找样本在此特征空间中的最优分类面(分类面不但能将两类样本正确分开，而且使分类间隔最大)，如图 2－5 所示。

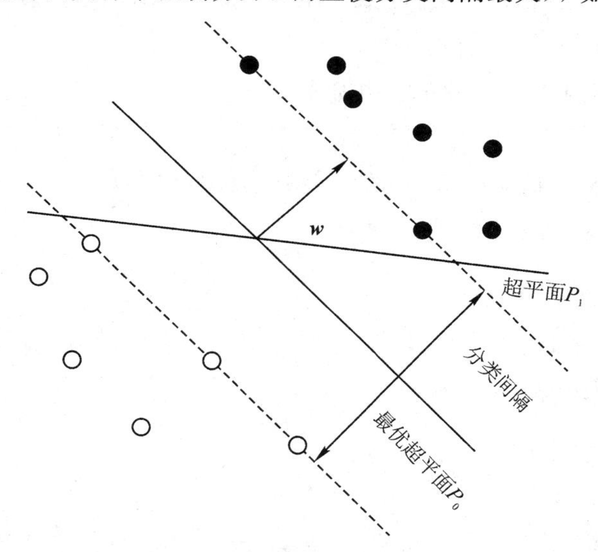

图 2－5　最优分类面示意图

SVM 的数学表达式如下：

$$\begin{cases} \min: \dfrac{1}{2} \| \omega \|^2 + C \displaystyle\sum_{i=1}^{l} \xi_i \\ \text{st}: y_i(\langle \omega, x_i \rangle + b) - 1 + \xi_i \geq 0 \end{cases} \tag{2-8}$$

式中：C 称作惩罚因子，用于平衡算法的精度与复杂度；ξ_i 称为松弛项，用于控制分界线的摆动。利用 Lagrange(拉格朗日)优化方法可以求解上述问题，最终得到的判别函数如下：

$$y = F(x) = \mathrm{sign}\left(\sum_{i=1}^{n} \alpha_i y_i K(x_i,\ x) + b\right) \tag{2-9}$$

式中：α_i 为 Lagrange 乘子；$(x_i,\ y_i)$是训练样本集元素，y_i 为样本 x_i 的类标记；n 表示训练样本的个数；x 代表待分类样本；$K(x_i,\ x)$称作核函数。SVM 算法已被广泛用于生物信息学的许多问题中，并取得了不错的效果。

4) NUMDA-SVM

在封装算法中，除特征子集外，学习算法的参数对结果也有很大的影响，SVM 在使用时最先解决的就是核函数及其参数的选择问题。研究者往往都是根据一些先验知识选择 SVM 的核函数，在没有任何先验知识可供参考时，径向基核函数(Radial Basis Function，RBF)就是最理想的选择，这也是本书的选择。SVM 的参数(惩罚因子 C 和高斯核参数 γ)和特征子集间存在一定的依赖关系，相互影响。因此，本章利用 NUMDA 对 SVM 参数和特征子集同时优化，搜索“最优”解。NUMDA 个体编码以及适应度函数的选择是 NUMDA-SVM 封装算法设计的关键所在。

NUMDA 的每个个体由两部分组成，分别为序列特征和 SVM 参数，如图 2-6 所示。

$$\{\underbrace{x_1, x_2, \cdots, x_n}_{\text{鼠标使用特征}}, \underbrace{x_{n+1}, x_{n+2}, \cdots, x_j}_{\text{参数}}\}$$

图 2-6　个体编码结构图

图 2-6 中：x_1，x_2，…，x_n 称为序列特征，对应于 n 个鼠标使用特征，当 x_i 取值为“1”时表示对应的特征(鼠标使用特征)被选择，若为“0”则表示该特征被约简掉了；x_{n+1}，x_{n+2}，…，x_j 用于编码 C 和 γ，这部分长度根据所需的计算精度来设定。

适应度值用于反映个体对于环境的适应能力，所以针对本研究的特点，本章采用预测精度(Accuracy，ACC)作为 NUMDA 的适应度函数。

3. 组合算法

在特征选择过程中遗漏相关特征或者选择冗余特征都会对学习算法的性能造成影响。引入分类结果作为衡量指标的封装算法具有比过滤算法更好的性能，但是由于学习算法的应用，封装算法的效率远低于过滤算法。为了同时具备速度快、效率高的特性，将这两种特征选择策略相结合是一种常用的策略，已有一些学者在这方面进行了研究。但是由于采用不同的评价标准，不同的过滤算法将会产生不同的属性重要度排序，一些潜在的相关用户特征很有可能在这一阶段就被过滤掉了，没有机会被封装算法选择。因此，本章设计了一种双过滤封装算法(Double-Filter-Wrapper，DFW)用于克服上述不足。DFW 算法有两个主要组成部分：① 将两个过滤算法(F-score 和 Relief)的结果相结合产生初步候选鼠标使用特征子集；② 用 NUMDA-SVM 方法进一步选择用户关联鼠标使用特征位点。DFW 算法的流程如图 2-7 所示。

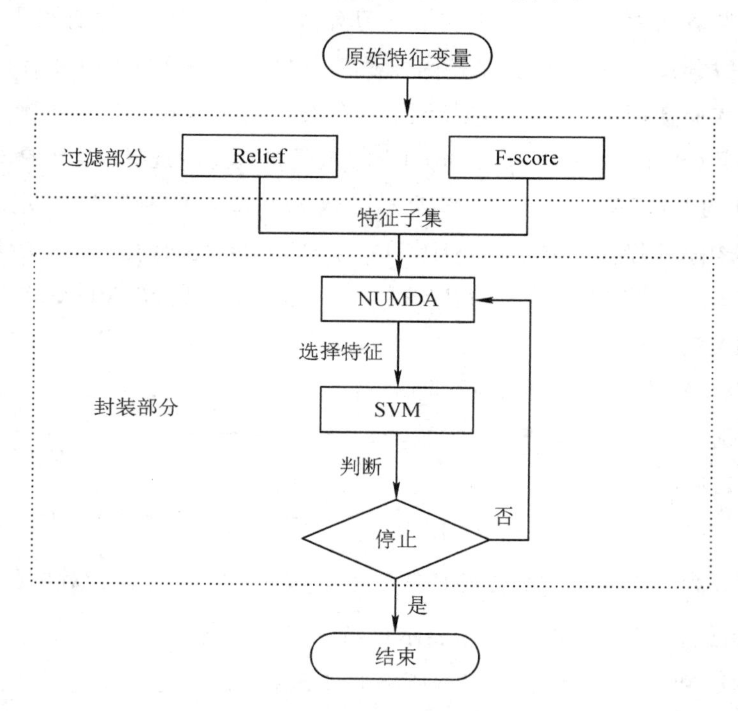

图 2-7　DFW 算法流程图

F-score 和 Relief 算法有各自的特征，它们的过滤(删除)特征列表必然不会完全相同，但是也会有部分重叠。因此，本算法过滤部分实际删除的鼠标使用特征位点是上述两个列表的交集(这么做的目的是使与用户相关性较小的鼠标使用特征在过滤阶段被删除的概率尽可能小)。此外，F-score 和 Relief 过滤特征列表不相交部分在对应的 NUMDA 位置上初始化为一个较小的概率值，如图 2-8 所示。

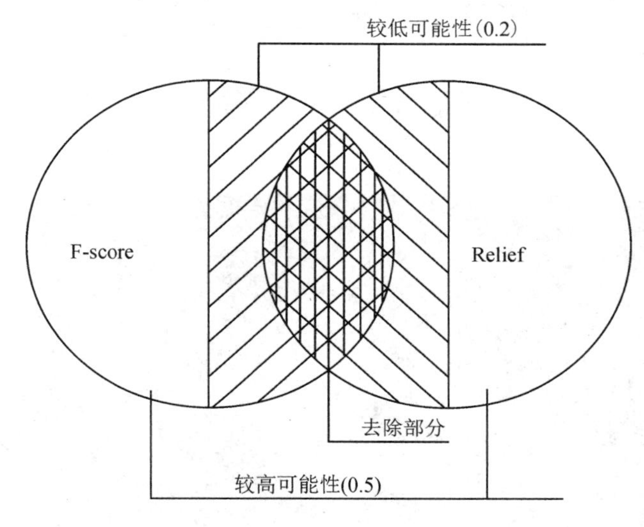

图 2-8　双过滤算法示意图

综上所述，DFW 算法主要步骤如下：

(1) 分别计算每一个鼠标使用特征位点的 F-score 以及 Relief 值。

(2) 根据阈值产生两种算法的初选列表 D_R(Relief)和 D_F(F-score)。

(3) 生成实际删除列表 $D_{FR}=D_F\cap D_R$，其中 $D_{\overline{R}}=D-D_R$，$D_{\overline{F}}=D-D_F$，D 表示原始数据集。

(4) 从原始数据集中删除 $D_{\overline{FR}}$，得到初选子集 $D_p=D-D_{\overline{FR}}$。

(5) 初始化概率向量 $P_0=[x_1,x_2,\cdots,x_i]$(维数等于 D_p 中特征的数目)，其中 $x_i\in\{0.2,0.5\}$。

(6) 采样 P_0 得到 NUMDA 的初始特征样本。

(7) 解码每个个体得到相应的 SVM 参数以及鼠标使用特征位点子集。

(8) 计算个体适应度值。

(9) 按照适应度值的大小对个体进行排序。

(10) 根据当前迭代次数选择 N_t 个优势个体。

(11) 根据式(2-6)计算优势个体的概率分布并生成下一代种群。

(12) 判断是否满足终止条件，满足则算法停止，否则转至步骤(7)。

2.4 算法实现

当前是基于用户鼠标使用特征的认证系统的图标，如图 2-9 所示(以 Windows 10 测试)。

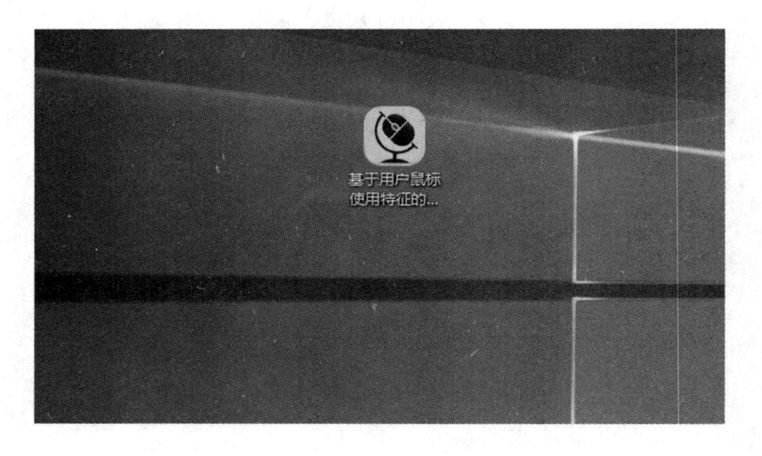

图 2-9　系统图标

点击基于用户鼠标使用特征的认证系统.exe，启动软件，进入软件 UI 界面，如图 2-10 所示。菜单栏上分别是“主界面”“使用说明”“关于系统”三个菜单选项。位于界面中间的是设置手势密码的数字九宫格，左下角是双击时间录入按钮，右下角是确认按钮。

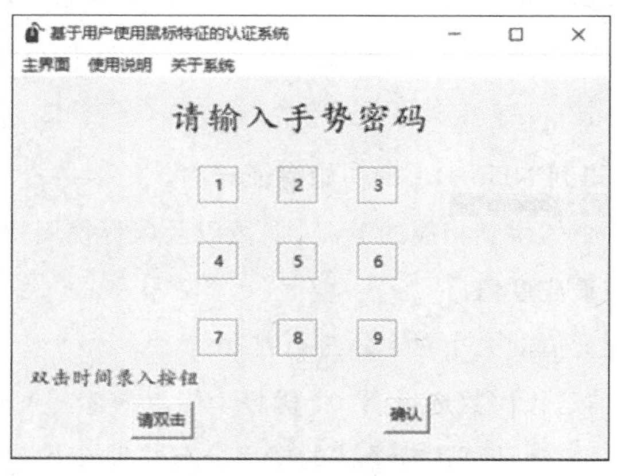

图 2-10　系统主界面

当点击菜单栏上的“使用说明”时，界面显示如图 2 - 11 所示。

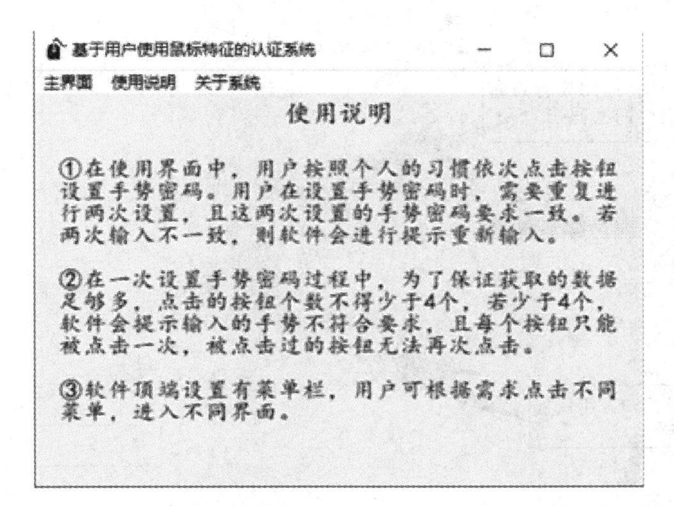

图 2 - 11　“使用说明”界面

当点击菜单栏上的“关于系统”时，界面显示如图 2 - 12 所示。

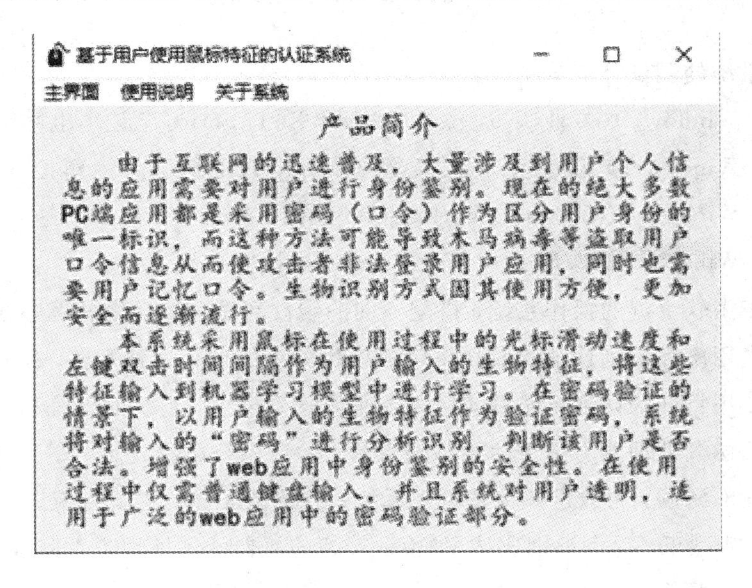

图 2 - 12　“关于系统”界面

使用时，先设置一个超过 4 位的密码，录入后，对选项进行双击，进行两次操作后，系统完成对用户数据的收集，然后将其录入已经学习好的机器学习模型中进行学习比对，如图 2-13 所示。

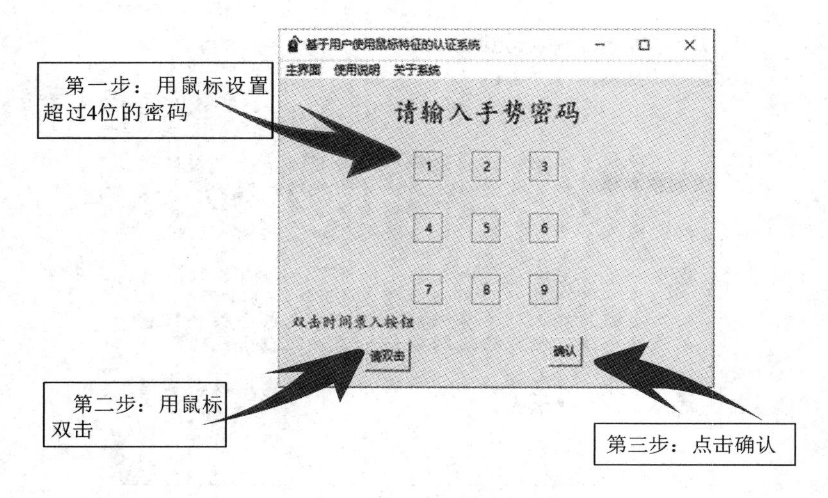

图 2-13　系统主界面

2.5　系统测试与分析

该系统的测试环境分别为：

(1) Window 10 专业版 64 位(机械革命 X6Ti-Series 笔记本电脑)；

(2) Window 10 家庭版 64 位(惠普 OMEN by HP Laptop 笔记本电脑)；

(3) Window 7(VMware Workstation 虚拟机)；

(4) Window XP(VMware Workstation 虚拟机)。

基于微软主流的操作系统，搭配不同的硬件环境配置，测试程序在运行时的内存占用率和识别认证的成功率等各项相关参数是否达到要求。检测基于用户鼠标使用特征的认证系统的实际功能是否达到要求，系统的训练和认证两个模块之间协调处理能力是否达到预期目标，验证系统的稳定性、适用性，以及系统存在的漏洞，为改进和完善软件系统提供实验依据。主要分析以下指标：

(1) 典型正、反例识别成功率(验证构建的机器学习模型是否完善)；

(2) 是否存在卡顿现象；

(3) 响应时长是否合理；

(4) 内存占用率；

(5) 软件稳定性；

(6) 采集的数据样本是否足够好。

结果分析：鼠标使用特征的身份认证系统在功能和性能方面都有良好的表现。在测试中，软件的识别率达到90%以上，在准确率方面具有明显优势，同时无明显卡顿现象，内存占用率较小，对硬件速度影响很小。该软件的缺点是对硬件有依赖性，启动软件时的响应速度有待加强。性能测试结果如表2-2所示。

表 2-2　性能测试结果

<table>
<tr><th colspan="2">测试项目</th><th>准确率/%</th><th>是否卡顿</th><th>响应时长/ms</th><th>内存开销/%</th><th>稳定性</th></tr>
<tr><td rowspan="8">决策模型</td><td rowspan="2">典型正例(3000)</td><td>63.75</td><td>否</td><td>25</td><td>3.91</td><td>强</td></tr>
<tr><td>68.22</td><td>否</td><td>32</td><td>4.52</td><td>强</td></tr>
<tr><td rowspan="2">典型反例(3000)</td><td>70.41</td><td>否</td><td>34</td><td>3.59</td><td>强</td></tr>
<tr><td>63.75</td><td>否</td><td>45</td><td>3.43</td><td>强</td></tr>
<tr><td rowspan="2">典型正例(3000)</td><td>70.23</td><td>否</td><td>33</td><td>4.91</td><td>强</td></tr>
<tr><td>65.46</td><td>否</td><td>29</td><td>4.31</td><td>强</td></tr>
<tr><td rowspan="2">典型正例(3000)</td><td>63.75</td><td>否</td><td>31</td><td>3.41</td><td>强</td></tr>
<tr><td>68.24</td><td>否</td><td>24</td><td>3.11</td><td>强</td></tr>
</table>

注：响应时长指用户在完成一次输入操作，在UI界面给用户回馈的时间。

软件中使用了许多优化的算法，使软件的性能更加强大，不占用计算机中过多的内存，对数据的采集、录入和识别更加流畅和准确。

软件还预留了后续开发的所需模块，为之后功能的拓展预留了空间。软件具有良好的人机交互界面和稳定的性能，测试使用期间无任何异常出现。该软件的应用能够代替以往简单的口令验证和需要增添成本较高的信息采集设备，在很大程度上改变了设置的密码太简单或密码太复杂而忘记密码的情况。同时，可以满足绝大多数计算机用户对电脑保护的需求，保护个人信息安全，避免个人隐私的泄露，其推广应用前景广阔。目前，该软件已经在学生群体中试用，反应效果良好，主要表现为：

(1) 技术先进，安全高效。通过软件试用，能够准确认证识别合法用户，保护个人信息安全，避免个人隐私的泄露。

(2) 适用性强，操作简单方便。该软件基于 Python 语言，只需将软件正常安装，按照提示进行操作即可。

(3) 性能稳定，使用期间无任何异常出现。该软件的应用能够满足计算机用户对电脑保护的需要。

2.6 系统的特点

随着工业革命 4.0 的到来，计算机终端的普及率与日俱增，与此同时，其背后隐藏的危机也不可忽视，因此，更有效、更人性化、更安全的加密方式就显得尤为重要。在此基础上，本章提出根据生物行为特征进行动态加密，论述并实现了一种基于鼠标键盘行为的身份认证技术。在系统设计中，收集用户使用习惯的数据，通过实验验证并确认将鼠标、键盘两种指标的行为特征结合起来进行身份认证的效果更好。然后对实验结果进行分析，采用特定的算法，通过特定场景缩短用户训练时间并采用优化的 SVM 算法实现用户认证分析。从系统的测试结果可以看出，该方法在小样本数据下仍具有较好的分类能力，可使系统在训练阶段和识别阶段的费用降低，取得较满意的认证效果。同时，可以将鼠标行为分析整合到现有的密码认证系统中，进一步提高系统的安全性。

鼠标使用特征的身份认证技术主要应用于微软发布的 Windows XP、Windows 7、Windows 10 等主流操作系统。系统认证模块与训练模块相互协调配合，且无须添加额外的数据采集设备，具有较高的安全性和较强的实用性。该系统在采用的认证机制、系统构造、核心算法方面都有很大的创新性，体现在以下几个方面：

(1) 系统认证机制完善，训练模块实时更新，安全性高。与单指标认证相比，系统采用的是鼠标移动的速度和双击时间间隔双指标结合认证，认证的准确性有了较大的提高，系统误识率和拒识率都相对较低。使用 DFW 组合算法，在对鼠标使用特征数据进行处理时，可以选出最优特征集，为识别认证系统提供了更为准确高效的识别认证数据，从而进一步提高了系统对合法用户识别的准确性。同时，当用户使用该系统且认证成功时，系统会将本次认证成功的鼠标使用特征数据自动保存到系统的数据库中。然后系统的训练模块能够将新获取的数据添加到机器学习模型中进行学习，从而实现对训练模块的实时更新，较大程度上避免了非法用户随机输入而通过验证的可能。

(2) 系统基于用户鼠标使用特征，更具新颖性。当前计算机身份认证机制的安全性多依赖于密码的安全性，面对不同的计算机和应用系统，用户往往需要设置不同的冗长复杂类型的密码，一方面会出现由于忘记口令密码无法进入系统的情况，另一方面口令密码本身易泄露或被破解，从而对整个系统造成安全威胁。而该系统的认证机制相对于口令密码来说，是基于用户鼠标的使用特征(鼠标左键双击时间间隔、鼠标移动的速度)来进行认证的，这是由于每个人使用鼠标的特征具有唯一性和不易模仿性。目前，生物识别技术大多是基于额外的硬件设备对生物特征如指纹、虹膜、声音等进行识别，而该系统利用鼠标使用特征进行识别不需要任何附加设备，相比传统的认证方式和生物识别技术，更具新颖性。

(3) 系统采用 DFW 组合算法，认证性能准确高效。系统采用了混合特征选择算法用于对用户鼠标使用特征数据的分析，该算法由过滤和封装两个主要部分构成。过滤部分由两个算法(F-score 和 Relief)组成，其目的是使潜在的相关性强的用户鼠标使用特征数据尽可能地进入封装算法优化阶段。在封装算法中提出了一种新的 UMDA 用于克服原有算法的一些不足，以保证系统在实际应用中认证准确高效的性能。

第3章 基于OCR的移动终端涉密信息监测技术

3.1 概　　述

随着4G/5G时代的到来，智能移动终端作为信息的有效载体、移动互联网的入口，已经成为人们生活中必不可少的一部分。但智能移动终端为生活带来极大便利的同时也存在许多安全隐患。智能移动终端“无意识”的敏感信息泄露已成为不容忽视的一大泄密隐患。防范敏感信息泄露十分重要，特别是对于公安、军队、科研单位等一些特殊涉密行业、部门的人员来说，如何做好信息时代的智能移动终端保密工作已经成为新的研究课题。针对此课题，我们对目前社会上关于保密的办法进行了总结，主要分为两类：一是通过制度规定和教育来督促、警示，从人的思想上进行预防；二是通过技术来确保秘密信息不被不该知道的人知道。但对于人本身特别是涉密人员的防范，过分依赖于涉密人员自身的保密意识。因此，人们开始研究以技术的方式来预防泄密，基于OCR(Optical Character Recognition，光学字符识别)的移动终端涉密信息监测技术开发相应的应用软件。该软件通过对手机中存储的或是正在拍摄和下载的图片进行扫描，提取图片中的文字信息，并与数据库进行比对，判断其中是否含有敏感信息；当发现含有敏感信息时，将会报警并删除该图片，从而在源头上减少“无意识”失泄密事件的发生。

3.2 背景及意义

3.2.1 设计背景

随着信息时代的到来，互联网技术和智能终端已经改变了人们传统的生产和生活方式，成为人们生活中极为重要的一部分。

在我国，绝大多数网民，特别是少青中三代人，几乎都在使用智能手机上网。根据 CNNIC 发布的《中国互联网络发展状况统计报告》显示，截至 2021 年 6 月，我国手机网民规模达 10.07 亿，网民使用手机上网的比例为 99.6%，呈现了全民移动上网的景象。

随着智能手机、平板电脑等移动终端用户数量呈爆发式增长和智能移动终端功能的发展，越来越多的人使用移动终端办公，特别是智能手机已经超越了笔记本电脑、U 盘等载体，成为用户存储个人隐私信息最多的载体。

从用户对智能手机的使用情况来看，大多数用户只了解智能手机、平板电脑等移动终端的基本使用功能，不同类型的用户安全防范意识差别较大，“无意识”的信息泄露已成为不容忽视的一大泄密隐患。

2016 年 11 月底，有关部门发现，多家网站刊登了一份机密级国家秘密文件。经查，2016 年 11 月中旬，某政府机关有关领导干部的秘书牛某，在参加某涉密会议时，向文件保管人员邱某索要了一份机密级会议材料。邱某明知牛某不在知悉范围内，但考虑其为秘书，不好得罪他，违规将会议材料交给对方。当晚，同事赵某给牛某发微信，打听会议信息。牛某未经考虑，直接将会议材料拍照发送过去，被赵某转发微信群，造成泄密。事件发生后，有关部门给予牛某开除党籍、开除公职处分，给予赵某开除公职处分，给予邱某行政记大过处分。为避免或者尽可能地减少通过手机拍照以及聊天工具传播造成的失泄密，需要开发一款可以令手机无法对涉密文件进行拍照的软件，从而提醒拍摄者注意保密，确保信息安全。

3.2.2　设计意义

目前，保密工作更多的是通过教育和制度规定来防止泄密，难以克服人的思想偏差和一些侥幸心理，完全依赖于人的因素。有很大部分人员造成失泄密，是因为心存侥幸，当产生了严重后果时，却又追悔莫及。

基于 OCR 的移动终端涉密信息监测技术的实现不同于社会上用于信息加密的软件，它不是对信息本身进行加密，而是针对信息安全中最为关键也最易出现漏洞的核心因素——人。该技术可以在用户心存侥幸想要拍涉密文件，或者无意将涉密文件拍进照片中时，提醒用户照片中存在涉密信息，注意保密，也可以使用强制模式，防止涉密人员监守自盗，进一步完善了安全保密防范手段，降低了敏感信息泄露的可能性。

3.2.3 主要内容

基于 OCR 的移动终端涉密信息监测技术可有效防止通过拍照和聊天工具导致的失泄密。该技术主要有两项功能：一是即时安全保护功能；二是全机扫描功能。基于 OCR 技术，对图片进行扫描，获取图片信息，与数据库进行核对，通过核对将其中的文字检测出来，再将检测出的文字与设置的敏感词汇进行比较。当图片中存在敏感信息时，会直接对图片进行删除以确保安全。该技术的具体内容为：

(1) 结合 Android NDK 技术和 JNI 接口实现图像预处理算法。图像预处理过程在传统图像预处理过程中加入文本图像判定算法和图像倾斜校正算法，其中图像倾斜校正算法是基于方向白游程算法进行改进优化的。

(2) 利用 Android 提供的图像处理函数 Matrix 和书中改进优化的倾角校测算法，实现对大倾斜角度图片的校正操作。

(3) 研究使用模板匹配分类器进行字符识别的方法，将图像预处理过程的输出图像作为模板匹配分类器的输入图像进行字符识别。

(4) 基于 Android 平台的 OCR 系统的实现和测试。将用 C/C++实现的图像预处理算法和图像采集模块、文字识别模块集成，形成一个 OCR 系统；然后验证系统是否实现了需求分析中的功能和性能等要求。

3.3 框架设计与实现

3.3.1 系统介绍

移动终端涉密信息监测软件基于 Java 语言，利用全局和局部相结合、检索和识别分步走的模式，适用于各种版本的 Android 设备，内置终端 APP，主要由数字图像处理系统、文本图像识别系统、敏感词匹配判定系统组成，如图 3－1 所示。该系统可以实现对手机信息的实时保护，主要有以下功能：

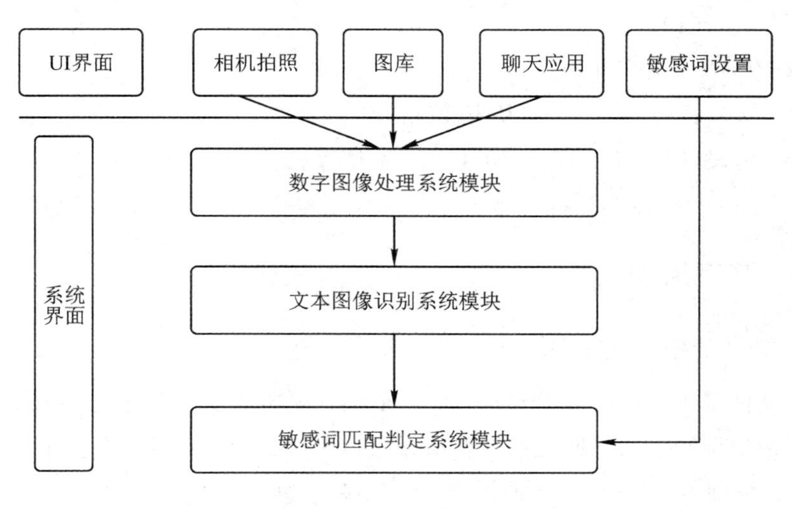

图 3－1　系统组成图

（1）用户可以自定义设置敏感词，并以此为依据搜索手机中涉及此关键字的所有敏感信息。

（2）数字图像处理系统：对手机终端拍摄的图片或者本地存储的图片进行数字化处理。

（3）文本图像识别系统：分析图片中的内容信息，判定图片是否含有文本信息。

（4）实时聊天监控：对目前主流的聊天工具(QQ、微信)进行实时监控，实时扫描聊天记录。

（5）敏感词匹配判定系统：根据录入的敏感词生成敏感字库并进行匹配，匹配成功即报警。敏感词匹配判定系统能够自动对比识别，增强实用性和实时性。

3.3.2　开发环境及技术指标

该系统的开发环境如下：

- 开发语言：Java；
- 运行环境：Android Studio 开发平台；

• 开发工具：MATLAB 7.11 R 2010b（2010/9）、SPSS Statistics 19.0（2010/8）。

该系统的技术指标如下：

（1）支持各种版本的 Android 设备；

（2）建议设备 CPU 在 1.7 GB 以上，缓存在 1 GB 以上；

（3）Android 设备软件安装需要得到系统授权。

3.3.3　实现原理

1. 软件的概念设计

此软件基于 Android 平台的 OCR 系统，从功能上设计了数字图像处理、文本图像识别和敏感词匹配三个核心模块以及系统设置模块。在整个系统实现过程中，特别是数字图像处理模块实现相机、聊天应用、图库获取待识别图片，并结合 Android NDK 技术和 JNI 接口实现图像处理；系统设置模块主要设置关键敏感词，以关键敏感词确定图片中是否含有涉密信息，达到预期的设定目标，如图 3－2 所示。

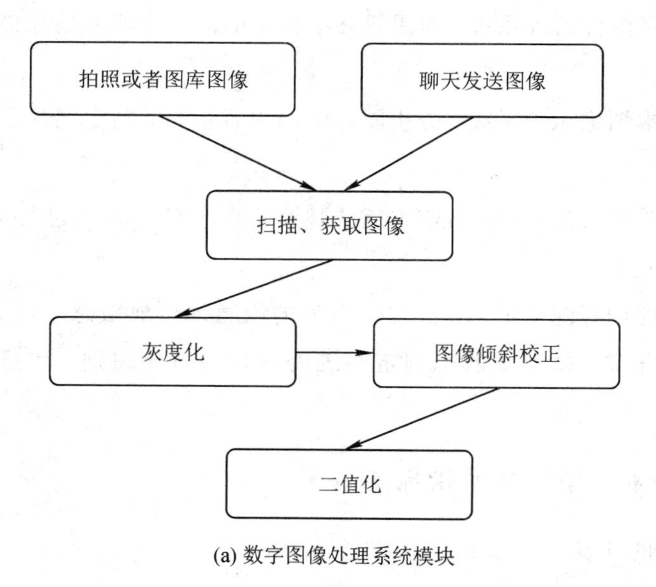

(a) 数字图像处理系统模块

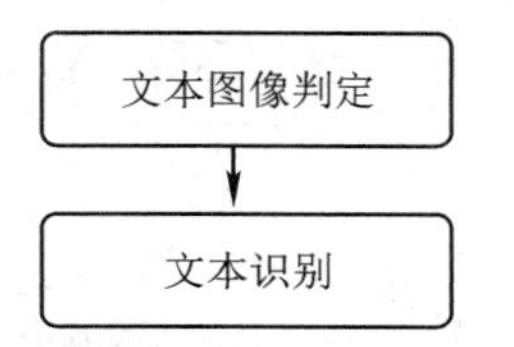

(b) 文本图像识别系统模块

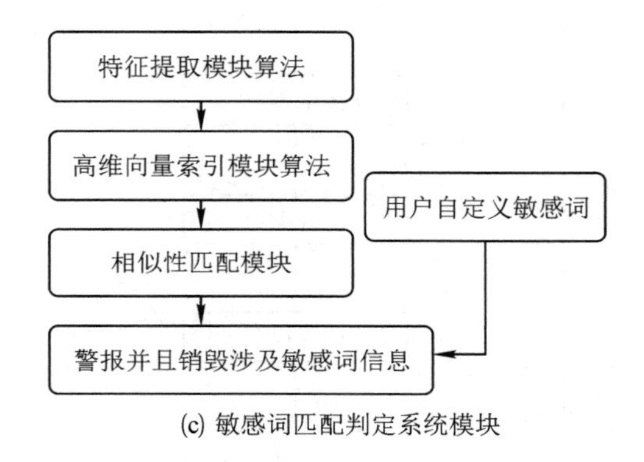

(c) 敏感词匹配判定系统模块

图 3－2　概念设计的三大模块

2. 获取图像

图库是 Android 系统中的一个系统进程，要在本应用程序中获取图库中的某一张图片，需要得到 Android 进程间通信的支持。Intent 是 Android 系统中各组件之间进行数据传递的数据负载者，主要用于组件之间的通信，它封装了操作中的动作、数据以及附加数据的描述。这样，应用程序就可以和系统图库完成通信，其相关流程如图 3－3 所示，部分代码如下。

```
Protected void on Activity Result(int request Code, int result Code, Intent data){
    //处理从相册的返回结果
    if(request Code==PHOTO_RESULT){
      bitmap Selected=decode Uri As Bitmap(Uri.fromFile
      (new File(IMG_PATH, "temp_cropped.jpg")));
      Show Picture(iv Selected, bitmap Selected);
    }} //显示选择的图片
```

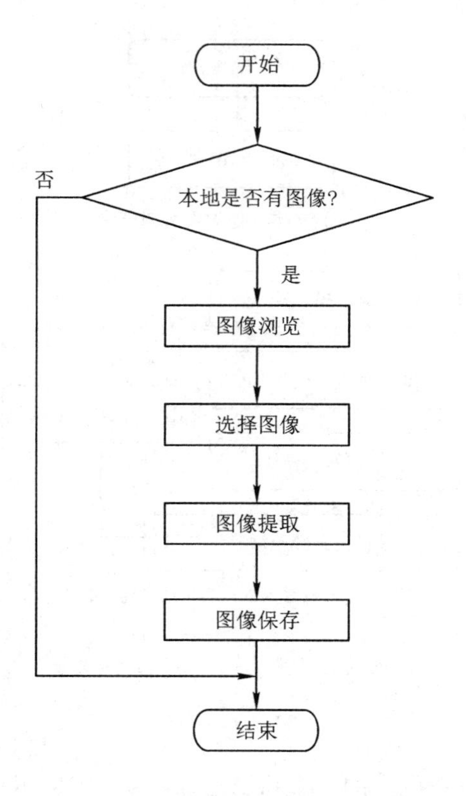

图 3-3　从图库获取图像流程图

3. 数字图像处理系统

1）算法设计

图像预处理是字符识别的重要组成部分，因为在图像采集过程中受拍摄角度、文本资料摆放位置和光照等因素的影响，导致图像质量下降而不符合人们的原始需求，然而图像预处理过程就是消除这些因素的影响，为 OCR 系统的实现奠定坚实的基础。本书采用的图像预处理基本流程如图 3-4 所示，主要包括灰度处理、二值化、去噪和图像倾斜校正等操作。将拍摄的图像或者本地扫描到的图像进行数字化处理便于下一步的文本图像的判定，其目的是提升 OCR 系统的实用性和易操作性。

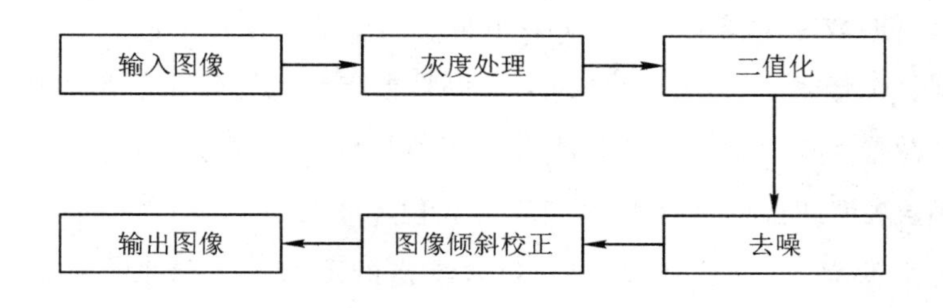

图 3-4　图像预处理流程图

图像预处理的主要流程如下：

(1) 对输入图像进行灰度处理，将三个分量的彩色图像转化成一个分量的灰度图像，可以使后续的图像处理和字符识别操作的计算量变得相对较小。

(2) 二值化操作，把图像信息转换成数字表达。

(3) 去噪操作，主要是消除图像采集过程中光照、环境和印刷质量等因素对图像的影响，提高字符识别效果。

(4) 图像倾斜校正，主要是校正图像采集过程中的倾斜图像，得到一幅水平图像，提高文本图像判定系统输入图像的质量。

数字图像的表示方式通常是二维数字组，以像元作为数字单元。它通常用连续的二维函数 $f(x, y)$ 表示，其中 (x, y) 是空间或平面坐标，函数值 $f(x, y)$ 表示图像在点 (x, y) 处的灰度值。通常，会将连续的数字图像表示形式进行离散化，对连续二维函数 $f(x, y)$ 进行采样，形成一个离散的数字图像，方便在计算机上直接进行数字处理。离散化后的数字图像形成一个图像矩阵，即

$$f(x, y)=\begin{bmatrix} f(0, 0) & f(0, 1) & \cdots & f(0, w-1) \\ f(1, 0) & f(1, 1) & \cdots & f(1, w-1) \\ \vdots & \vdots & & \vdots \\ f(h-1, 0) & f(h-1, 1) & \cdots & f(h-1, w-1) \end{bmatrix} \tag{3-1}$$

矩阵中的每个元素称为像素，每个像素都具有整数灰度值或颜色值，其中 w

表示量化后的数字图像的宽度，h 表示量化后的数字图像的高度。

根据每个像素占据的位数不同，可以将数字图像划分为单色图像、灰度图像和真彩图像。其中单色图像只能表示两种颜色，它的每个像素占 1 位，其存储空间小；灰度图像的每个像素一般占 8 位，可以表示 2^8(256)种颜色；真彩图像的每个像素占 24 位或 32 位，包含丰富的图像细节信息，但其存储空间较大。

2) 图像倾斜校正算法

在图像采集过程中，由于手机拍摄角度、纸张摆放位置、文字印刷效果等因素，导致最终获取的图像中的文字不是水平的，而是存在一定的倾斜。虽然图像的倾斜角度对人眼来说也许不明显，但这个小小的倾斜角度会严重影响字符识别效果。因此，图像倾斜检测和倾斜校正是图像预处理过程中的一个必需步骤。

文本图像行之间的距离是固定的，因此可以将一行文本当作一条直线来处理，这条直线的斜率代表了文本行的倾角，文本行的倾角又代表的是整个文档图像的倾角。本书的算法主要分为五个过程：

(1) 图像二值化操作，这一步在前期已经完成了，在此不详细介绍；

(2) 用户自旋转一定角度，将图像旋转至大致水平位置以方便进行统一处理；

(3) 文本子区域选择，通常选择整个文本图像中有代表性的，能表示整个图像倾斜角度的子区域；

(4) 倾斜角度检测，检测上一步中选择的文本子区域的倾斜角度；

(5) 倾斜校正，将整个文本图像按照第(3)步的检测结果进行旋转得到水平图像。

图像倾斜校正算法的基本流程如图 3－5 所示。

在 Android 应用中，可以借助 Matrix 实现图片旋转、拖曳、缩放等功能。Matrix 由 9 个 float 值构成，是一个 3×3 的矩阵，其值为

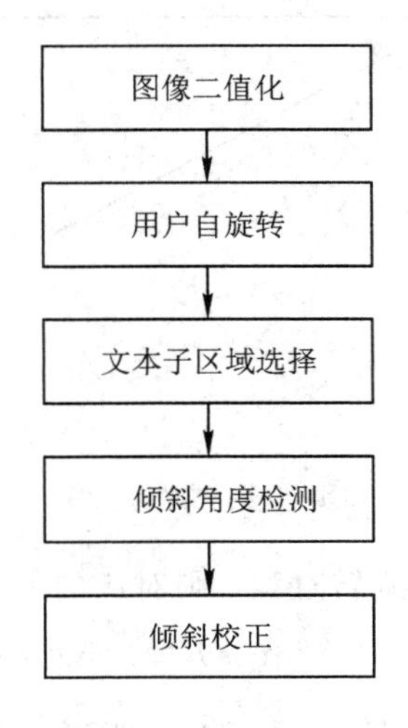

图 3 - 5　图像倾斜校正算法流程图

$$\begin{bmatrix} \text{MSCALE\_X} & \text{MSKEW\_X} & \text{MTRANS\_X} \\ \text{MSKEW\_Y} & \text{MSCALE\_Y} & \text{MTRANS\_Y} \\ \text{MPERSP\_0} & \text{MPERSP\_1} & \text{MPERSP\_2} \end{bmatrix} \tag{3-2}$$

其中，Matrix 矩阵中左上角区域的四个参数主要用来实现图像的缩放、旋转、透视等操作；右上角区域的两个参数主要用来实现图像的平移操作；左下角区域的两个参数一般不用，其值通常为 0；右下角区域的一个参数主要用来实现图像的缩放操作。

利用 Matrix 实现图像旋转，根据旋转参照点的不同可分为两种情况：一是围绕坐标原点旋转；二是围绕某个点旋转。

(1) 围绕坐标原点旋转。

围绕坐标原点旋转的过程如图 3 - 6 所示。假定 $p_0(x_0, y_0)$是图像中某个点，其围绕坐标原点顺时针旋转 θ 角度后到达点 $p_1(x_1, y_1)$，同时假定 p 点距离坐标原点的距离为 r。

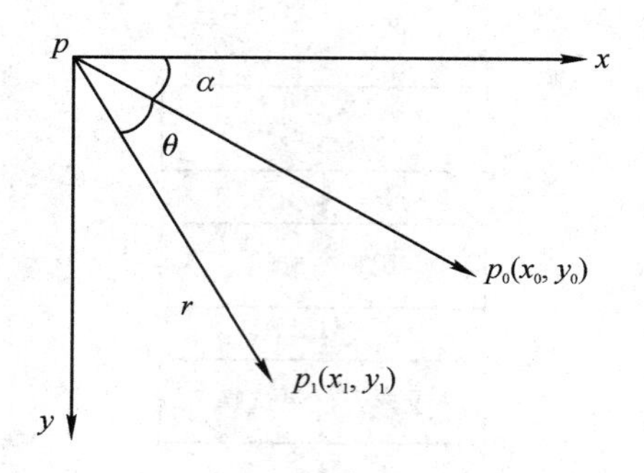

图 3-6　旋转过程

如果使用矩阵表示这次旋转过程，则对应的 Matrix 矩阵为

$$\text{Matrix}=\begin{bmatrix}\cos\theta & -\sin\theta & 0\\ \sin\theta & \cos\theta & 0\\ 0 & 0 & 1\end{bmatrix} \tag{3-3}$$

(2) 围绕某个点旋转。

围绕某个点旋转对应的矩阵可表示为

$$\begin{cases}\boldsymbol{M}_1=\begin{bmatrix}1 & 0 & x_p\\ 0 & 1 & y_p\\ 0 & 0 & 0\end{bmatrix}\\ \boldsymbol{M}_2=\begin{bmatrix}\cos\theta & -\sin\theta & 0\\ \sin\theta & \cos\theta & 0\\ 0 & 0 & 1\end{bmatrix}\\ \boldsymbol{M}_3=\begin{bmatrix}1 & 0 & -x_p\\ 0 & 1 & -y_p\\ 0 & 0 & 1\end{bmatrix}\end{cases} \tag{3-4}$$

这种方式的旋转可以将旋转过程分为以下三个步骤：首先，将坐标系原点平移至图像旋转点(x_q，y_p)，对应的矩阵表示为式(3-4)中的 $\boldsymbol{M}_1$；然后，围绕新的坐标原点进行图像旋转，对应的矩阵表示为式(3-4)中的 $\boldsymbol{M}_2$；最后，将坐标原点移回原来的坐标原点，对应的矩阵表示为式(3-4)中的 $\boldsymbol{M}_3$。

用户对图片进行初步旋转，将倾斜角度较大的图片旋转到大致水平的位置，然后保存旋转后的图片，此过程可借助 Android 中的多点触控和图像处理元素 Matrix 来实现。其中，要实现此功能需要自定控件来支持图片旋转操作，因为 Android 自带的 ImageView 控件只支持图片展示功能。实现旋转图像的基本流程如图 3-7 所示。

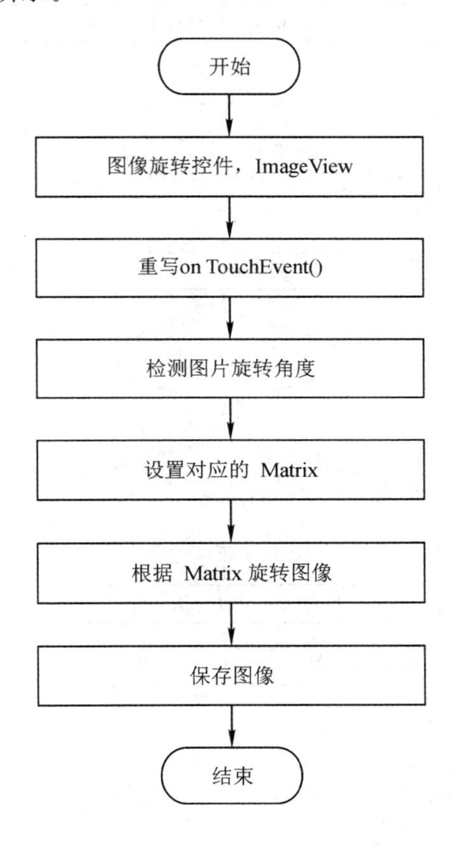

图 3-7　旋转图像的基本流程图

4. 文本图像识别系统

1）文本判定算法思路

常见的文本图像大多是白色背景黑色文字或者灰色背景黑色文字，该算法正是根据文本图像的这一特点对其进行判定。由于文本图像中的文字大多是黑色的，细分来看，每个文字是由许多小的黑色像素点组合而成，而背景部分大多是白色或者灰色。文本图像判定算法根据图像中前景像素点和背景像素点之间颜色变化的次数来确定是不是文本图像，即根据黑白像素或者黑灰像素之间的变化次数来判断。算法的执行流程如图 3－8 所示。

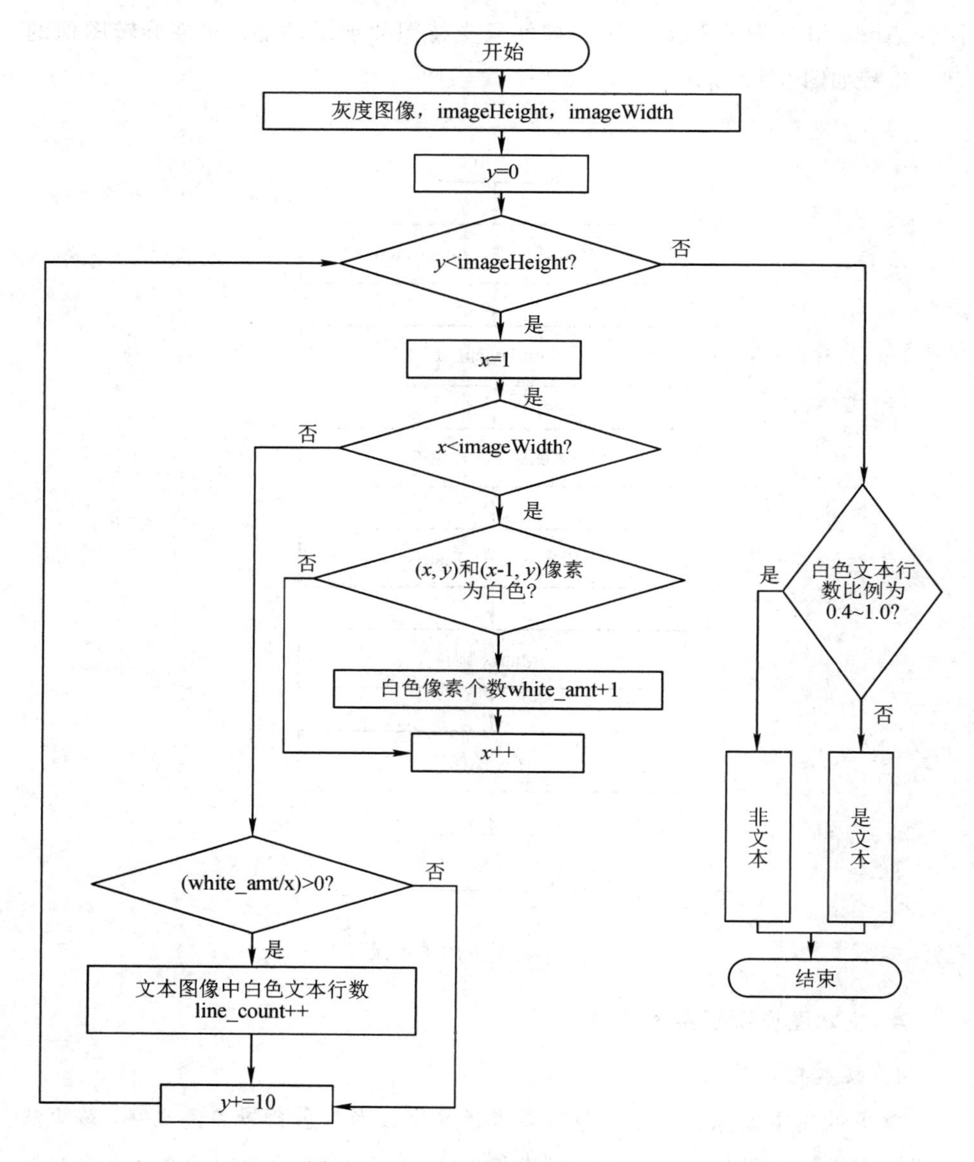

图 3－8 文本图像识别系统流程图

图像灰度化处理：本算法的处理对象是灰度图像，并已知灰度图像的长度和宽度。

像素点判定：对灰度图像按照以下规则遍历像素点。竖直方向上每 10 个像素点取一个，水平方向上依次取每个点，判断当前像素点和前一个像素点之间的颜色变化模式。如果当前像素点和前一个像素点都是白色，则对当前像素点所在行的白色像素个数加 1。遍历完某一行的所有像素点之后，则根据当前行中白色到白色像素的变化次数占整行像素点个数的比例来判定是否将此行视为空白行。

计算白色文本行的比例：遍历完灰度图像中的所有像素点之后，计算白色文本行占整个灰度图像的比例，如果比例值为 0.4～1.0，则将当前图像作为文本图像。

该算法对应的伪代码实现过程如下：

```
boolIsTextImage(灰度图像，图像长度，图像宽度)
{
  for(y=0；y<imageHeight；y+=10)
  {
      //竖直方向每 10 个像素点取一个
      for(x=1；x<imageWidth；x++) //水平方向依次取每个像素点
      {
        if(当前像素点和前一个像素点都是白色)
        {表示当前行中白色像素与白色像素之间变化次数的变量+1；}
      }
      if(当前行中白色像素与白色像素之间变化次数占整行像素个数的比例大于
0.85){将此行视为白色行；}
  }
  // 计算白色行占整个图像行数的比例
  line_count_ratio=(n! =0)? (double)line_count/(double)n：0.0；
  bool bRet=true；//标志是不是文本图像
  if(比例不是介于 0.4～1.0 之间)
  {
    bRet=false；//非文本图像
```

```
    }
    否则是文本图像；
    Return bRet；
}
```

2）文字识别

首先，在系统设置中录入关键敏感词，并扫描本地图库。然后，根据图形的存放路径，将图形解码成 Bitmap 文件。

初始化字符识别引擎，将之前获得的 Bitmap 文件复制到临时 Buffer 中，然后调用 baseApi. setImage(bitmap)设置待识别图形的流信息，最后通过 baseApi. getUTF8Text()得到文本图形上的字符信息并终止识别引擎，至此识别过程结束。由于 Android 应用程序只有一个 UI 线程，如果把一个耗时的操作(超过 5 s)直接放在主线程中执行会导致主线程阻塞，则 Android 系统会提示“应用程序无法响应”的异常消息，这会严重影响应用程序的可用性。所以像字符识别这种耗时的操作应在子线程中实现，而不影响 UI 线程的操作，当子线程识别结束之后，则通过 Handler 的方式将识别结果传递给主线程，主线程负责将识别结果显示在界面上。相关代码如下：

```
/* 字符识别核心代码 */
public String do Ocr(Bitmapbitmap, Stringlanguage){
    baseApi. init(getSDPath(), language); //初始化识别引擎，设置识别语言
    bitmap=bitmap. copy(Bitmap. Config. ARGB_8888, true);
    baseApi. setImage(bitmap); //设置图形流文件
    text=baseApi. getUTF8Text();
}//获得识别结果
```

5. 敏感词匹配判定系统

该系统包含四个主要模块：模板图像自动生成模块、特征提取模块、高维向量索引模块和相似性匹配模块。其中高维向量索引模块中的索引检索和相似性匹配模块的作用相当于特征匹配模块的作用。索引检索是一个选取候选关键点的过程，是点与点匹配的过程。相似性匹配模块是在点与点匹配的基础上进行图与图匹配的一个过程。敏感词匹配判定系统如图 3-9 所示。

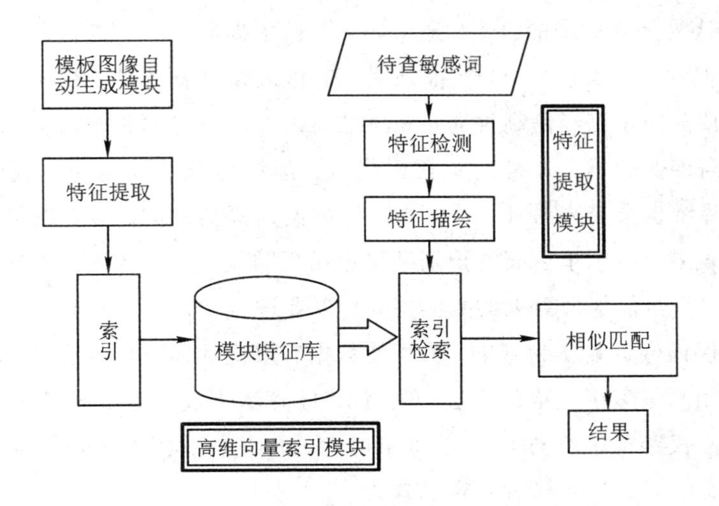

图 3 - 9　敏感词匹配判定系统

1）特征提取模块算法

针对本系统，采用局部特征不变量作为特征的表述。目前局部特征不变量广泛应用于图像特征中。特征提取模块可以分为两部分：检测子和描绘子。检测子是从图像中提取感兴趣的区域及其相关信息；描绘子是应用这些相关信息把图像转化成 2 维矩阵数组，即特征向量。

图 3 - 10 显示了特征提取模块的步骤。其中 m 表示关键点的个数，n 表示特征向量的维数，矩阵行向量表示每个关键点的特征向量。

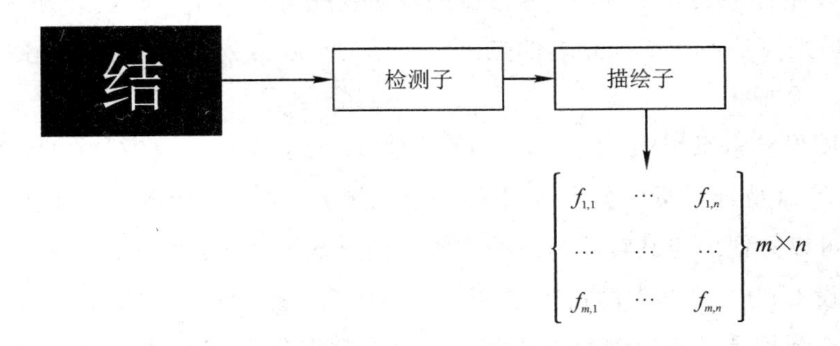

图 3 - 10　特征提取模块的步骤

2）高维向量索引模块算法

本系统的目的是在模板数据库找出与待查询图像最相似的图像，该图像上的汉字被认为是待查询的汉字。通常，从图像中提取特征，然后在图像的特征上定义相似性。在本系统中，特征是用128维向量来描述的，在庞大的数据库中，这个特征向量已经是高维向量。高维向量的问题有两种解决方法：一是降维数，使高维变低维；二是高维索引生成。降维后虽然能减少大量的数据计算，但是降维也会带来另外一个问题，即数据的真实性问题，降维可能会导致数据发生偏差，以至于后面的识别结果也出现问题。而高维索引生成虽然增加了数据量，但是能保证数据的真实性，所以要进行验证及分析特征。在测试的过程中以保证数据真实为基准，为了使数据有层次性而不牺牲它的真实性，因此选择使用高维索引生成的方法。选用LSH算法来设计高维向量索引模块。

使用欧氏距离进行点与点之间相似性的度量，欧氏距离越小，相似性越大。相似度由$D(x, y)$表示，定义式为

$$D(\boldsymbol{F}_1, \boldsymbol{F}_2) = |\boldsymbol{F}_1 - \boldsymbol{F}_2| = \left(\sum_{i=1}^{128} (\boldsymbol{F}_{1j} - \boldsymbol{F}_{2j})^2\right)^{1/2} \tag{3-5}$$

其中，$\boldsymbol{F}_1$、$\boldsymbol{F}_2$为关键点的128维SIFT特征向量。若两个关键点之间互相匹配，则必须满足两点之间的欧氏距离小于某个阈值。

运用LSH算法可以快速地获得请求q的近似r-近邻，返回该数据点集中的k个与查询请求q最相似的点，就可以解决k-近邻查询问题。LSH算法的基本思想就是对数据点集，利用一组具有一定约束条件的哈希函数来建立多个哈希表，使得在某种相似度量条件下，相似的点发生冲突的概率较大，而不相似的点发生冲突的概率较小。通俗点的说法就是对数据集中的点进行特定的散列，该散列算法使得距离相近的点比距离远的点在散列时更容易产生冲突而被分入同一个桶中。

在图像检索系统中，图像集合O通过映射$f: O \rightarrow X$，将O中的每幅图像映射到N维特征矢量数据集X中的一个矢量上，对于其中的每一个矢量x属于X，可以方便地将其转化为海明空间上的点数据，方法如下：

假设C为一足够大的正整数，与X中的每一个向量相乘使得数据集X满足每一个数据点的每一维都是正整数。设在数据集X中，所有维中最大值为K，对于给定的RN空间中的点数据$x=(x_{11}, \cdots, x_{1N}) \in X$，可以将其转化为一个$K \cdot N$维的二进制串$v(x_1)=U(x_{11})U(x_{12})\cdots U(x_{1N})$，其中$v(x)$为$x$个“1”与$K-x$个“0”连接所构成的二进制串，很明显两个点数据之间的欧氏

距离与其对应的两个 $K \cdot N$ 维的二进制串之间的海明距离相等。

这样，对于数据点集 X，索引算法可以描绘为下面三个步骤：

（1）将数据点集转化为海明空间的二进制串；

（2）选取合适的 $r>0$，$\varepsilon>0$，随机选取 k 个上文所描述的形如 $g_1(p)=(h_{i_1}(p), h_{i_2}(p), \cdots, h_{i_i}(p),)$的哈希函数；

（3）利用这些哈希函数，将数据点存入相应的哈希表项。

对于查询 q，运用上面的哈希函数提取 $g_1(p)$，$1\leqslant i\leqslant k$ 所对应的哈希表项，对于这些表项顺序排序，即得到检索结果。图 3 - 11 为 LSH 索引结构图。

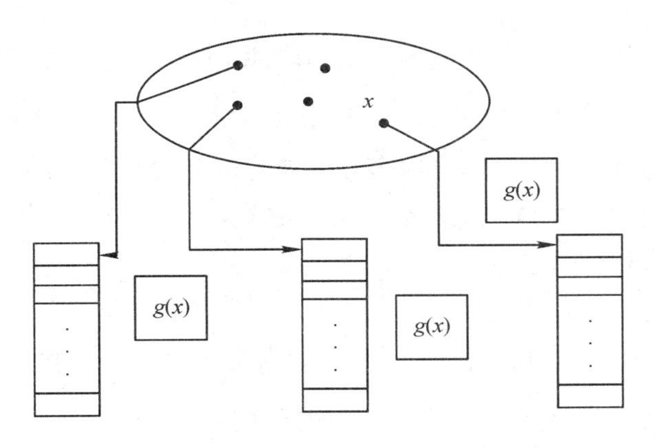

图 3 - 11　LSH 索引结构图

这样，数据点的索引以及查询就可以转化为一组哈希函数操作以及在一个相对很小的数据集合上的顺序检索。

3）相似性匹配模块

相似性匹配模块的主要功能是进行待查询汉字图像的特征匹配，通过相似性衡量，输出与待查询汉字最相近的模板汉字。这里必须弄清楚衡量的标准以及匹配的含义，即为图与图之间的匹配。图与图之间的匹配是以两幅图之间关键点匹配的个数为衡量标准。

图 3 - 12 表示了待检测图像与某个模板图像匹配的样例。

由图 3 - 12 可知，线段的两头为最相似的关键点，线段的条数代表了这两幅图之间的相似性，条数越多，相似性越大。

图 3-12　待检测图像与模板图像匹配样例

以上为最简单的匹配想法。相当于每对关键点匹配的权重都为 1。如果要考虑权重的话，就可以引发出投票算法，即若这个关键点具有代表性，那么它的权重就大一些，如果匹配上的话，这对关键点的匹配在图与图之间的匹配中就不仅仅投一票，而是投多一点的票数。

投票算法：

（1）以测试图片为基准，测试图片与样本图片匹配上的每一对关键点作为一票，统计票数，票数最多的为与测试图片最匹配的汉字。

（2）这个算法具有权重信息，每个汉字都具有独特性，这是区分汉字为何字的最好标准。针对汉字特征，由于每个 SIFT 的关键点尺度信息大不相同，因此书中将尺度信息作为一个权重的衡量。针对此投票算法，尺度信息比较大的认为这个点易检测，所以相对的属于特殊点，这样就要适当地增加权重。以测试图片为基准，对于测试图片上的每个匹配点，分配权重，这个权重以其 SIFT 特征中提取的尺度信息作为标准，然后统计这些权重之和，和最大的为与测试图片最匹配的汉字。投票算法是此模块的衡量标准，投票算法的优劣也关系着识别结果的好坏。经过这个模块，可以得出与待查询汉字图像最相似的模板汉字图像，这样就可以实现在图片资料中查找是否含有关键字。

3.3.4　实验测试

图 3-13 所示的是移动终端涉密信息监测软件终端 UI 界面。下面以华为荣耀 7 为演示对象，介绍此软件的基本使用方法及功能。

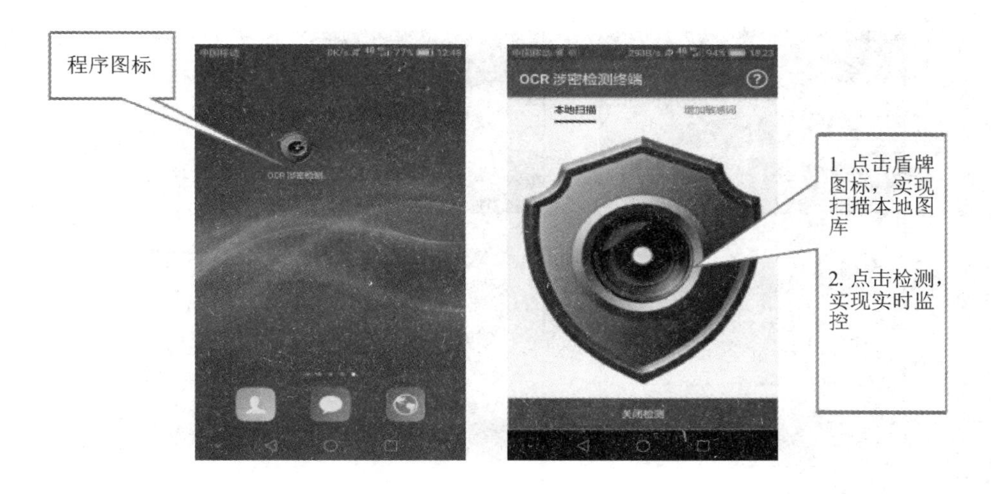

图 3－13　实现界面

（1）打开移动终端涉密信息监测软件，在此终端中，左边可以扫描本地的所有信息，查找是否含有涉及关键字的信息，右边为录入敏感词库。录入敏感词后并打开检测，如图 3－14 所示。

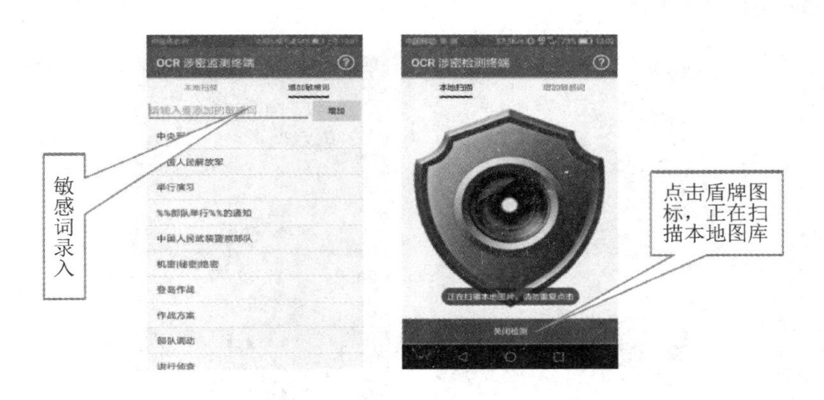

图 3－14　录入敏感词及启动方式

（2）打开检测后，移动终端涉密信息监测软件会在后台扫描图库所有的图像信息，并判定是否含有涉及敏感词的图像信息，如果发现含有涉及敏感词信息的图像，则该软件就会报警提示，并删除涉及敏感词信息的图像，如图3－15 所示。

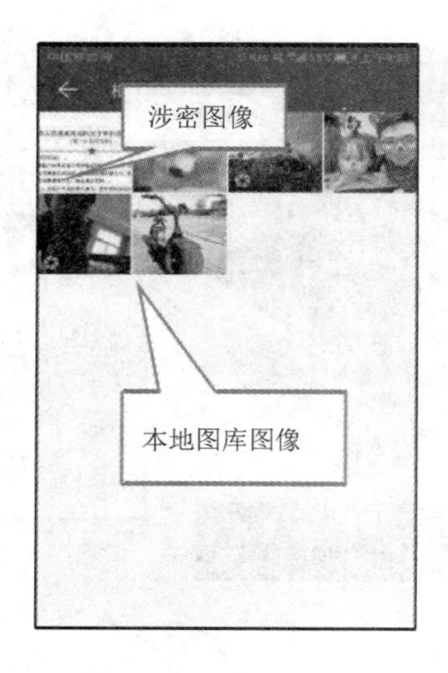

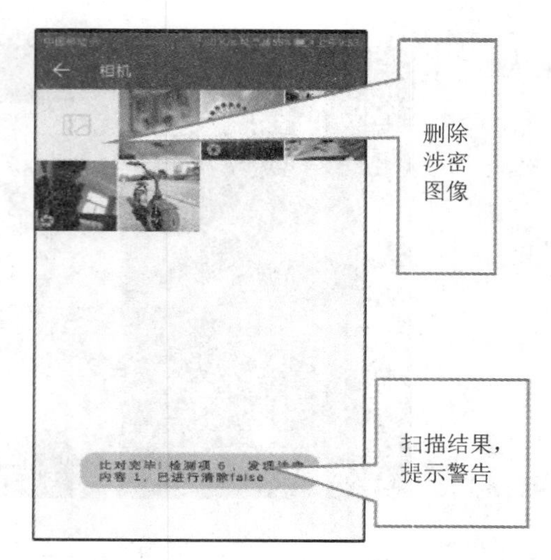

图 3－15　本地图库扫描

(3) 当想要使用相机拍摄含有敏感词的文件图像时，移动终端涉密信息监测软件会对拍摄的图像进行识别判定，确定为含有敏感词图像时，移动终端涉密信息监测软件会报警提示，并删除图像信息，如图 3－16 所示。

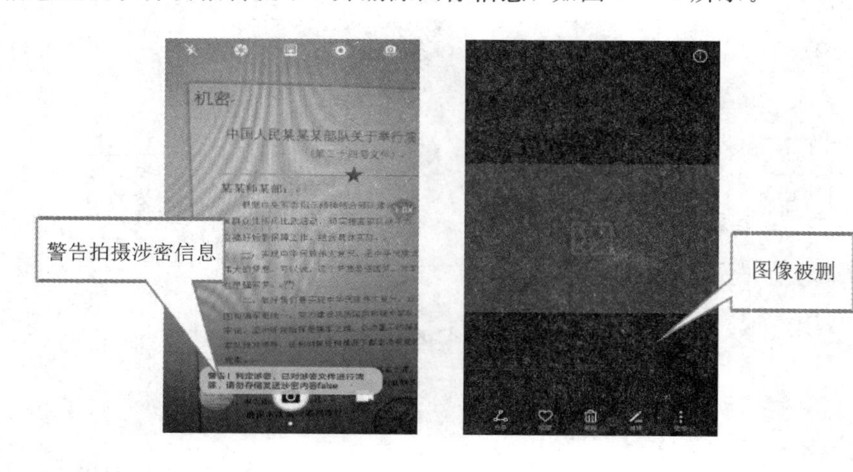

图 3－16　实时监测相机

(4) 移动终端涉密信息监测软件可以实现后台实时监测社交软件，捕获用户的浏览、保存、发送涉密图像等动作。以主要的聊天程序微信为例，当聊天时发送了涉及敏感词的图片时，移动终端涉密信息监测软件就会报警，并删除本地浏览图片缩略图，如图 3－17 所示。

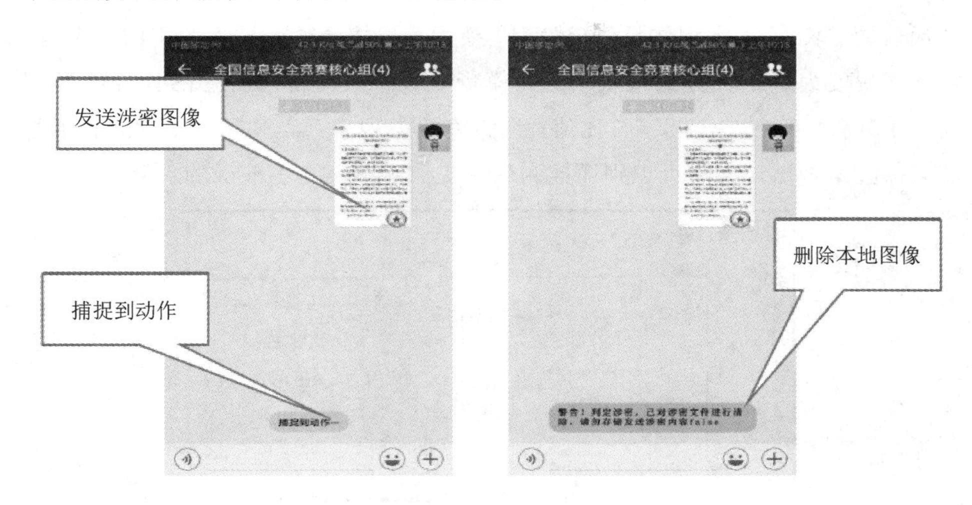

图 3－17　实时监测社交软件

3.4　算法实现

为保证测试结果真实可信，且具有参照性，因此对不同安卓基带内核版本的各类原型机进行测试，大致可分为虚拟大环境广度测试与实际机型对照测试。

(1) 虚拟大环境广度测试：在 Android studio3.0.1 环境搭建下，使用 Intel HAXM 引擎，调用 X86 架构的安卓虚拟机，启用 AVD，创建 Android Emulator-5.1_WVGA 和 Android Emulator-4.1_WVGA 进行虚拟环境平台下的普遍性测试。

(2) 实际机型对照测试：规避由各生产商进行的类 MIUI 定制开发而造成的权限获取失败、文件指针指向错误等不确定因素，采取多机型、多品牌、多系统的测试环境，以华为荣耀系列 7、8、9，努比亚 Z17S 进行对照测试。

测试内容主要包括：

(1) 不同模糊程度图像的识别率测试。

图 3－18 为 Photoshop 高斯模糊处理框，在常规正文格式文件下，以模糊系数不断以 2 的百分比为基数增长的方式，处理泄密文件生成图层和对文件识别区浅色像素块区进行像素加深处理的方式，来模拟终端相机拍摄中图片的不

同清晰度、对比度条件，其中肉眼辨识度通过人类感观对文件的能见辨识程度进行估量，取 10 人平均估量值记为 Q，模糊系数按模糊半径为 2.1 的情况记，取不透明度为 2 的百分比增幅，记为模糊系数 R，将处理后的图片经终端识别，可识别字符数与实际字符比值，记为终端识别率 T，根据三元素的若干组数据探究是否出现肉眼可识别而监测软件提取字符信息不准确的现象。

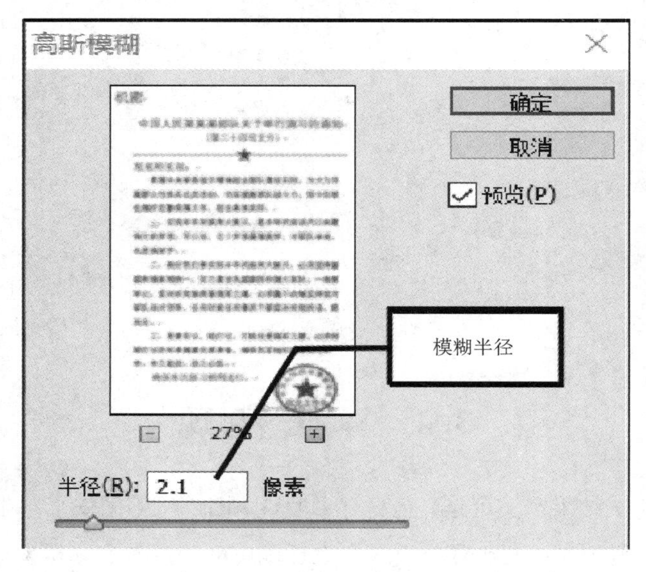

图 3-18　高斯模糊处理

测试得到表 3-1 的实验结果，其中取代表性数据 10 组，肉眼辨识度为人眼可辨识的程度，终端识别率为软件对图像文字识别的准确率，模糊系数表示图像的模糊程度，通过结果可知，在不同模糊程度图像的识别中，软件的识别率都较高，跟肉眼识别相近。

表 3-1　模糊比例下的识别率

分组	1	2	3	4	5	6	7	8	9	10
肉眼辨识度 Q	100	98.78	89.32	69.21	50.98	43.23	23.21	12.90	6.21	0.16
终端识别率 T	100	98.70	88.24	68.03	50.33	39.22	14.69	3.46	1.27	0.03
模糊系数 R	2	4	6	8	10	12	14	16	18	20

注：测试以清晰的文件内容为测试基准，数据取平均值。

（2）不规则图像的识别测试。

图 3－19 为含有不同敏感信息的不规则待检图片，左图为标准格式规范文件类素材，中间为含单位番号的合照素材，右边为含编号的武器装备素材。使用该软件对相关类似的近百张含涉密或者非涉密字符的图片进行扫描识别，用以测试终端使用的 OCR 技术对不同背景、不规范字体条件下的字符识别率。根据实验结果，可提取率的范围以及具体识别对象可以判定软件识别结果的可信度，用以探究该软件的可识别适用范围。

图 3－19　含敏感信息的不同图像

测试得到表 3－2 的实验结果，由实验结果可知，该软件对各类含有文字信息的不规则图像均可有效识别，且识别率均在较高水平，说明该软件可识别范围广，适用性强。

表 3－2　不同类型图像处理结果

测试类型	实验次数	识别次数	成功率/%	总字符数	识别字符数	识别率/%
规范文件	60	60	100	13 107	11 899	97.41
番号门牌	60	53	88.33	1189	989	83.18
武器编号	60	47	78.33	479	434	90.61
其他	60	50	83.33	877	789	89.97

（3）软件指标测试。

图 3－20 为实验过程图，在本机图库中，扫描检索本地图像素材，进入软

件主界面，点击主界面盾牌图片启动监测终端的本地自检功能，启动后，启用秒表记录扫描所有本地图像素材的总用时，得到 t，重复上述步骤 60 次，同时在测试中，通过设置打开手机管理员工具，获得权限，查看终端实时 CPU 占用率，以每秒记录一次，每次实验取 30 组有效值。切换软件界面，进入其他软件界面，进行日常办公娱乐操作，观察后台运行监测终端是否对手机运行各类软件流畅度有影响，检查机身发热情况。计算单张照片识别平均时延和常态终端 CPU 占用率。

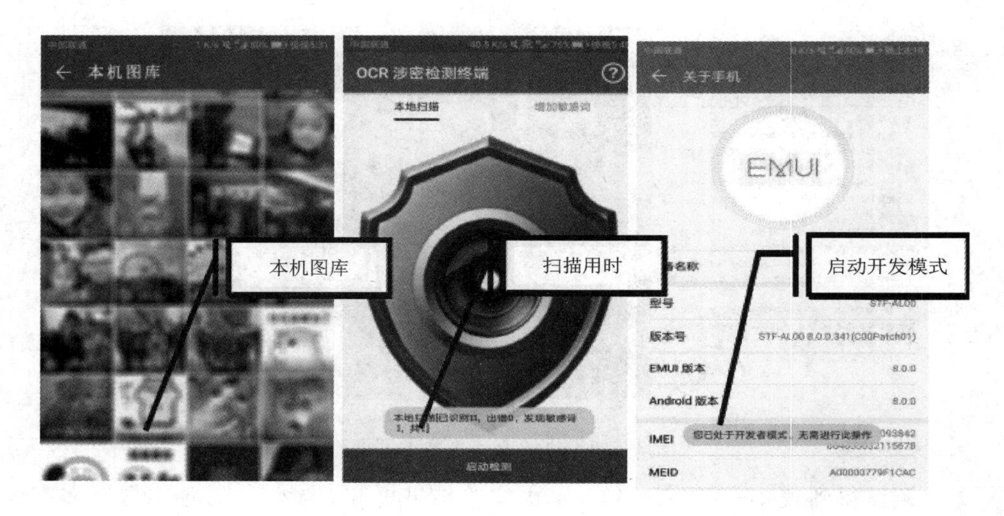

图 3-20 实验过程图

经过实验，得到表 3-3 的测试结果，由实验结果可知，该软件的内存占用小，识别效率高，而且不会给手机终端造成负担，没有出现发热、卡顿等情况，运行稳定。

表 3-3 性能指标测试结果

测试项目	实验次数	识别次数	识别成功率/%	字符识别率/%	卡顿	识别时延/ms	内存开销/%	稳定性
本地项目扫描	60	56	93.25	94.68	无	116	1.02	强

注：识别时延是指从识别图片到报警的延迟时间，内存开销通过开发者模式工具得到。

(4) 社交软件中敏感信息的捕捉实验。

启用监测终端，对时下常用聊天交友工具中进行的涉密行为实时监测，对"交友"过程中发送或接收涉密词汇图像的经泄密判定算法判定后，成功报警的概率，称为敏感信息捕捉系数。采用环境平台中的实机平台，对腾讯QQ、微信两款聊天交友软件进行了测试，分别计发文件次数60次，统计每次识别结果，得到表3-4的数据，该数据表明在交友软件中发送涉密图片，成功捕捉率较高，且字符识别率良好。在测试中，微信客户端的监测效果优于QQ端。

表3-4　聊天工具的监测数据

实验软件	实验次数	识别次数	失败次数	捕捉率/%	总字符数	识别字符数	识别率/%
QQ	60	54	6	90.00	13 764	11 893	87.07
微信	60	57	3	95.00	13 764	12 426	93.64

经过上述实验后，将本程序在特殊单位进行试用，选定的试用人数为20人，试用期为7天，结合平台实验结果和反馈情况，将该软件评定归纳如下：

(1) 该软件对于敏感信息的识别度较高，对复杂环境下的敏感字符捕捉具有一定的有效性，能够实现敏感信息的监测。

(2) 该软件在安卓环境下对涉密文件的拍摄识别率高，软件内存占用小，且不会给手机终端造成负担，不会出现发热、卡顿等情况，运行稳定。

(3) 该软件监测范围广，移动终端监测应用前景广阔，能够满足特殊行业人员的需要。

3.5　系统的特点

基于OCR的移动终端涉密信息监测技术以本地自检、拍摄监测、聊天监控三大功能为立足点，防护于源头，服务于岗位。系统以机器学习技术为基础，通过数字图像处理系统、文本图像识别系统、敏感词匹配判定系统三个子系统，实现了对智能终端"敏感信息"的识别清除，有效降低了"敏感信息"移动端的储存率，同时对终端的涉密信息做到了实时全面监控清查。系统采用国内自主研发的高效字符提取技术，在高效率的同时保证了其可靠性。通过该类监测手段可保护涉密内容特别是对“红头机密文件”办公领域等有重要的保护作用及意义，且对目前网络新兴的“图片谣言”等舆论监察有着极大的应用前景，可为特殊岗位人员定制集成于系统应用之中的移动终端。该软件具有操作方便、简约高效、针对性强、拓展性好、可靠性高等特点，能够在一定程度上保护信息安全，减少失泄密事件的发生，推广应用前景广阔，符合当前我国特殊行业的需求。

(1) 技术实现创意源于生活，实用性强。针对当下智能移动终端普及率高，办公便捷但安全环境相对恶劣的背景，一些办公人员及与涉密文件接触人员的保密意识不强，通过移动终端相机拍摄涉密文件在社交软件中恣意进行传播，甚至存在通过终端拍摄涉密文件卖密的违法行为，造成重要秘密泄露乃至国家利益受损。基于此背景，涉密监测终端应运而生。该系统引入 OCR 识别技术，将传统办公应用字符提取技术与场景识别、文件传输监控相结合，通过本地自检、实时监察、社交管控三防一体有效对失泄密行为进行监控监察，可有效防止失泄密事故案件的发生。

(2) 字符比对算法优异，准确率高。涉密监测终端采用成熟的 OCR 技术原理，性能稳定，可靠性强。在图像处理方面采用了图像灰度化处理，将三个分量的彩色图像转化成一个分量的灰度图像，使后续的图像处理和字符识别操作的计算量变得相对较小，极大地提高了运算速度，降低了内存占用率。对于存在倾斜角度的图像，采用图像倾斜校正算法，将整个文本图像进行旋转得到水平图像，提高了文字识别和提取的效率。在文字特征比对查询中，采用高维向量索引模块算法，将高维空间最近邻搜索问题转化为一维索引值的查找和局部搜索问题，在保证较高搜索精度的同时大大提高了搜索速度。对于最终的敏感字确定，则运用了相似性匹配模块投票算法，针对不同的汉字特征设置不同的权重，匹配到相似的关键点，则按照各自的权重进行投票，最后统计这些权重之和，和最大的为与敏感字最匹配的汉字。经过相似性匹配模块，可以得出与待查询汉字图像最相似的模板汉字图像，这样就可以实现在图片资料中查找是否含有敏感字。

(3) 应用前景广阔，安全性好。涉密监测终端能够实现终端全局扫描、文件拍摄实时监测、社交软件动态监测，可以降低移动终端涉密信息存储率，同时对终端的涉密信息做到实时全面动态监控清查。从根源上对秘密进行管控，减少失泄密事件的发生。经相关部门涉密人员试用反馈，该软件操作方便，性能稳定，识别率高，试用期间未出现异常情况，能够满足特殊行业人员的需要。涉密监测终端从源头上保证了信息安全，应用前景广阔。

第4章 基于人体固态特征的智能安全身份识别技术

4.1 概述

随着当前经济的快速发展，个人居住环境、私人财产、商业秘密、军事机密等信息安全性的要求越来越高，本章探讨了目前市场上关于身份识别系统所存在的一些亟待解决的问题，通过对人体固态特征、身份识别、访问控制、物理安全、数据安全和系统安全问题的总结分析给出了相应对策，构建了基于人体固态特征的智能安全身份识别系统。根据目前市场上现有的一些基于生物特征的身份识别技术设计方案，在此基础上大胆创新，提出了更加智能、安全的人体固态特征身份识别系统。该系统以人体固态特征为基础，利用人体固态特征的广泛性、唯一性、稳定性和可采集性等特点，选择固态特征中无意识状态下的习惯性手势为基点，以此为设计的创新点和落脚点，设计了一款由硬件和软件两部分构成的模型。在硬件方面，选用单片机、RS 系列智能液晶显示模块、TFT-LCD 液晶屏、DEMO 板以及 SF01 USB 转 TTL 调试器等作为人体固态特征数据采集模块搭建系统硬件平台。在软件方面，设计研发了装置运行数据采集、存储和处理等模块，利用搭建的无线传感器网络测试环境、开发环境与人体模式状态监控模块代码，在 ISODATA 聚类算法上加以创新优化，实现了以数据采集、处理、融合为核心算法的固态特征身份识别系统软件，从而提出利用人在无意识状态下的习惯性手势这个固态特征实现对身份识别系统安全性的改进和提高；同时利用数据融合技术添加了手在按压过程中的固有频率、压力等其他固态特征，提出了数据采集、分析、融合、智能化比对的基于人体固态特征的智能安全身份识别系统的设计方案。

4.2　背景及意义

4.2.1　设计背景

Bill Gates 曾做过这样的断言：生物特征识别技术利用人的生理特征，例如指纹等来识别某个人的身份，将成为今后几年 IT 产业的重要革新。Gates 的这段言论得到了越来越多的消费者、公司和政府机关的承认。现有的基于智能卡、身份证或密码的身份识别系统的安全性还是远远不够，因此基于生物特征的身份识别技术提供了一种解决方案。

现在市场上存在的一些基于生物特征的身份识别技术在安全性和可靠性方面还有待进一步提高。以大家所熟悉的苹果手机的指纹解锁为例，2013 年，在 iPhone 5s 发布 2 天后，柏林黑客组织宣布，他们通过伪指纹破解了 iPhone 5s 的指纹阅读器；同时，在 2016 年世界移动通信大会(MWC2016)期间，《华尔街日报》记者仅用 5 分钟就做出了一个黏土橡皮泥的 3D 假指纹模，成功破解了 iPhone 的指纹识别，而且更容易制作的"2D 指纹"也一样可以破解手机的指纹识别，这给移动支付等需要借助指纹来实现的安全系统带来了重大挑战。传统的密码、钥匙、指纹等身份认证方式已不能满足安全方面的需求，这是因为令牌方式存在丢失、被窃、复制等安全隐患，密码等口令方式存在遗忘、被攻击的问题。而利用人自身所具有的物理特征，采用生物识别技术，可以避免上述问题，因为人体的物理特征具有稳定性、永久性、唯一性和安全性等独特的优势。

利用生物特征进行身份识别的技术是目前最为方便与安全的识别系统，不需要记住身份证号或密码，也不需要随身携带像智能卡之类的东西。生物特征识别技术逐渐成为一种公认的、更安全的身份认证技术。随着人们对社会安全、身份鉴别准确性和可靠性要求的日益提高，开发一款基于人体固态特征的智能安全识别系统十分有必要。

4.2.2 设计意义

生物固态特征身份识别技术将彻底改变人们现有的生活方式和商业模式，为国家信息化水平的提高及信息安全提供有力保障。

传统的身份认证是以自动识别技术为基础的数字身份认证方式，而生物固态特征身份识别技术作为安全级别更高的识别技术，实现了人的物理身份的验证，如果将两种方式结合起来，即生物识别技术与自动识别技术相结合，则可以实现物理身份和数字身份的统一，安全级别更高、更有效。

本设计融合多种前沿技术解决了实际应用中的问题，研究成果具有一定的创新性和实用价值。基于人体固态特征的智能安全身份识别系统比原有的身份识别系统更加智能，其稳定性得到了很大提高，存储容量也得到了扩充，更重要的是实现了安全性能的进一步升级。系统经过完善推广使用后，可以有效解决目前市场上身份识别系统所存在的一些问题。

4.2.3 主要内容

固态特征识别(Solidity Identification)技术是为了进行身份验证而采用的自动测量生物身体的固态特征或固态属性，将这些特征或者属性与数据库进行比对而完成认证的一种解决方案。人的固态特征是唯一的，固态特征识别技术的基本工作就是对这些基本的、可测量或可自动识别和验证的人体固态特征进行统计分析。本设计主要以固态特征中无意识状态下的习惯性手势为基础进行设计，主要包括四个步骤：数据获取、建立数据库、比较和匹配。固态特征识别系统捕捉到习惯性手势特征的样品，特征将会被提取并且转化成数字符号，然后这些符号被标记为个人的特征模板，这种模板可以在识别系统中，也可以在各种各样的存储器中，如计算机的数据库、智能卡或单片机的内存中，人们同识别系统进行交互，以认证其身份。

生物固态特征识别系统，一般通过误识率(False Accept Rate，FAR)和拒识率(False Rejection Rate，FRR)衡量系统的安全性能。误识率是非法用户被错误接受的概率，而拒识率是合法用户被错误拒绝的概率。对于特定系统来说，这两个参数并不是独立的，一个拒识率很低的系统很可能会接受很多非法用户，导致误识率很高。所以应该根据不同应用场合的特点来选择这两个参数。本章通过对 ISODATA 聚类算法的优化，不仅提高了算法性能，而且可选择多种生物特征融合进行识别，这样可以避免某种生物特征固有的缺陷，使系统运行更加高效。

4.2.4　特色及应用前景

本章所设计的智能安全身份识别系统基于生物固态特征即无意识状态下的习惯性手势来进行身份识别。由于生物固态特征身份识别是利用无意识、习惯性的手势来进行识别的，具备参与的不可替代性，基本不受人为干扰，故较之传统的钥匙、磁卡、指纹等安全验证模式及其他身份识别系统，具有不可比拟的安全性优势。

迄今为止，还没有哪一个单项生物特征能达到完美的安全性要求，另外，每种生物固态特征都有自己的适用范围，因此在有严格安全要求的领域中，可以利用数据融合的方法对多种生物固态特征或者行为习惯进行整合，从而提高系统的精度和可靠性，本设计就采用了此种方法。

本设计具有较高的研究价值和广阔的应用前景。基于人体固态特征的智能安全身份识别系统在各个领域都能得到应用。本设计通过取代个人识别码和口令，阻止了非法授权的“访问”，可以防止盗用 ATM、蜂窝电话、智能卡、桌面 PC、工作站及其计算机网络；可以在通过电话、网络进行金融交易过程中进行身份认证；在各门禁场所中，生物固态特征识别技术可以取代钥匙、证件和图章等，其安全性将会有质的飞跃。生物固态特征身份识别技术的飞速发展及其在金融、司法、海关、军事以及人们日常生活各个领域中的广泛应用，将开创信息安全的新时代。

4.3　固态特征识别及基本原理

4.3.1　固态特征的概念

固态特征识别也称生物特征识别，其基于对行为或者生理特征的观察，通过获取和分析人的身体和行为特征来实现身份的自动鉴别，对人类活体进行自动身份认证。

所谓固态特征，就是人本身所具有的固定的不可变的具有唯一性的固有属性，像人独有的 DNA 一样，也可以成为区分一个人的标准。固态特征识别就是将一个人的固有属性、习惯特征作为区分不同身份的人的判定条件。人在无意识状态下的习惯性手势是固有特征中一个显著的方面，我们对其进行重点研究。

人体固态特征智能安全身份识别系统是一种自动系统，能够获取生物特征采集仪从用户处采集到的信息，即人在无意识状态下的习惯性手势，并从处理后的数据中提取特征信息，然后将处理后的特征信息与已获取的一个或多个生物特征模板进行比对，判断它们之间匹配的程度，并描述一个辨识或识别过程是否成功。其运行流程如图 4-1 所示。

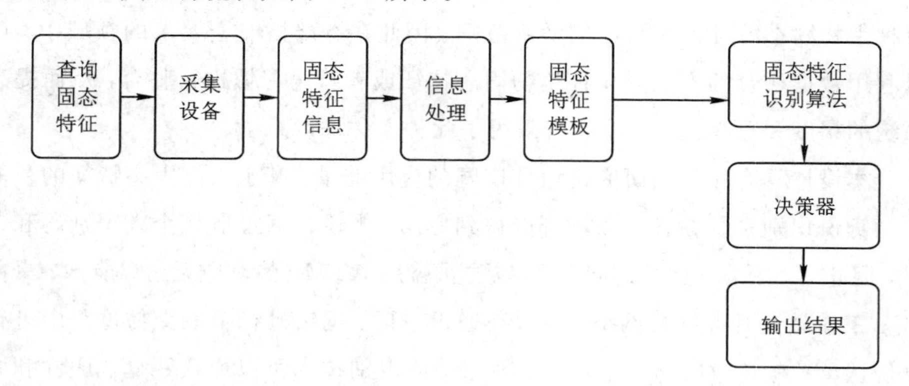

图 4-1　固态特征识别系统流程图

4.3.2　固态特征的特点

人在无意识状态下的习惯性手势作为突出的固态特征之一，有以下五种特点：

(1) 人的固态特征具有普遍性。固态特征识别技术所依赖的身体特征基本是人类与生俱来的，不需要向有关部门申请或制作。

(2) 人的固态特征具有高度唯一性。每个人的固态特征是独一无二的，由于人所生长的环境不同，接受的教育不同，还有各种不可控因素等影响，导致不同人所形成的固态特征、行为习惯有所差异，从而可以基本确定两人之间不存在相同的固态特征和行为习惯。

(3) 人体固态特征具有稳定性。个人的固态特征和行为习惯的形成是很不容易的，当一个人的固态特征形成之后就具有了稳定性，是很难再发生改变的。

(4) 人体固态特征不易被模仿和伪造。一个人的指纹可能会被通过某种方式提取，人脸识别也可能通过现有的 3D 打印技术进行完美复制，但是一个人的固态特征和行为习惯是无法被复制、模仿和伪造的，除非是这个人被迫通过“自愿”的方式来进行验证，否则只要稍稍有一点不同，就会造成系统的误认。

(5) 人体固态特征具有相当高的可靠性。由于人体固态特征具有高度的唯一性及稳定性，加上系统所进行的大量的统计分析，从而大大提高了可靠性。

由以上特点可以看出，人的固态特征具有绝对的安全性优势。本章选取固态特征中人在无意识状态下的习惯性手势作为设计的出发点，并采用数据融合技术添加了人体的固有频率、触摸时的压力等其他固有特征，使设计更具有稳定性。

4.3.3　固态特征识别技术的基本原理

生物固态特征识别技术的核心在于如何获取这些生物固态特征，并将之转换为数字信息，存储于计算机中，再利用可靠的匹配算法来完成识别与验证个人身份。

生物固态特征识别技术原理如图 4－2 所示。

图 4－2　生物固态特征识别技术原理图

基于人体固态特征的智能安全身份识别系统的基本流程如图 4-3 所示。

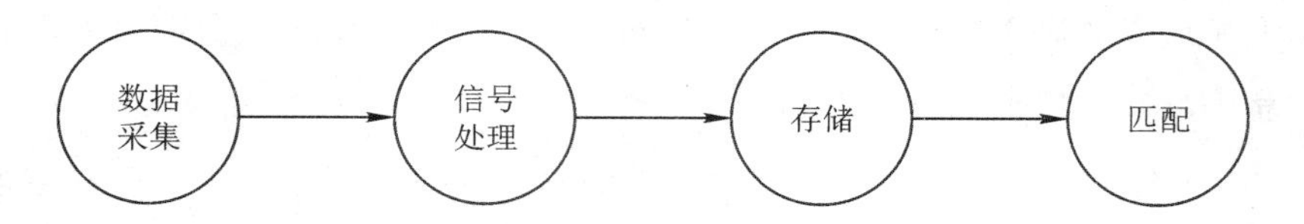

图 4-3　智能安全身份识别系统的基本流程

1. 硬件平台搭建

本系统主要由单片机、电源指示、工作指示、振荡电路、蜂鸣器电路、触摸显示屏模块组成，如图 4-4 所示。

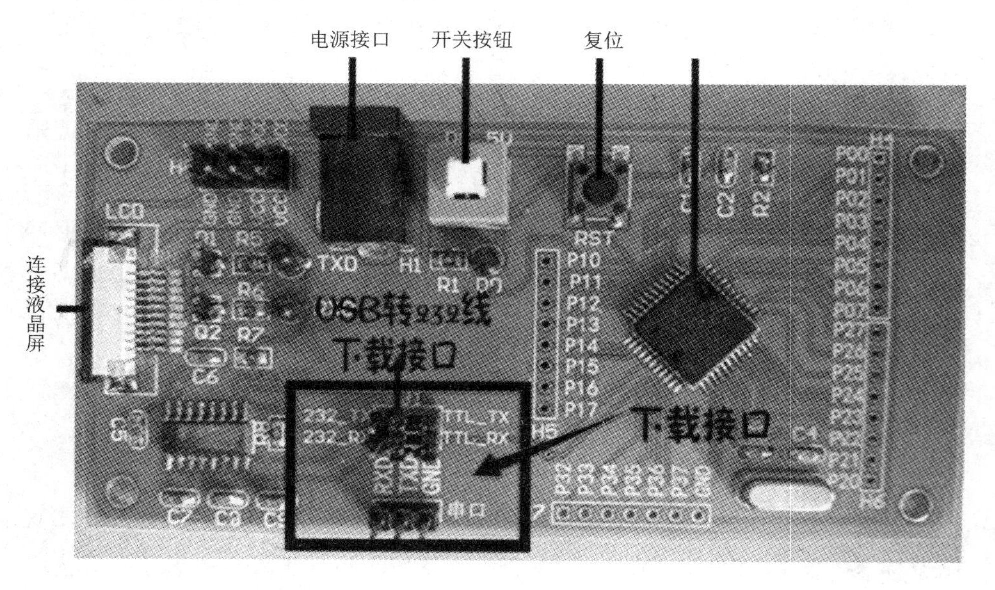

图 4-4　单片机选型

1）单片机的选型

本系统采用 STC 系列单片机，其具有价格便宜、设计简单、使用方便、技术成熟、支持串口程序烧写、用电的方式瞬间擦除改写、连接触摸屏简便等优势。单片机在设计中主要用于烧写程序、连接触摸屏和实施复位等操作。

STC12C5A60S2 单片机是宏晶科技生产的单时钟/机器周期(1T)的单片

机，是高速、低功耗、超强抗干扰的新一代8051单片机，指令代码完全兼容传统8051，且较传统8051速度快8～12倍。该单片机内部集成MAX810专用复位电路、2路PWM及8路高速10位A/D转换器(转换速度可达25万次每秒)，可适用于部分强干扰场合。其具体参数如下：

• 增强型8051 CPU，单时钟/机器周期(1 T)。

• 工作电压：5 V。

• 工作频率范围：0～35 MHz。

• 用户应用程序空间：60 KB。

• 片上集成1280 B RAM。

• 通用I/O口，复位后为准双向口/弱上拉，通用I/O口可设置成四种模式：准双向口/弱上拉、推挽/强上拉、仅为输入/高阻、开漏。每个I/O口驱动能力均可达到20 mA。

• ISP(在系统可编程)，无须专用编程器和专用仿真器，可通过串口(P3.0/P3.1)直接下载用户程序，数秒即可完成。

• 内部集成MAX810专用复位电路(外部晶体12 MHz以下时，复位脚可直接连1 kΩ电阻到地)。

• 外部掉电检测电路：在P4.6口有一个1.32 V的低压门槛比较器，误差为±5%。

• 时钟源：外部高精度晶振时钟源，内部RC振荡器(温漂为±5%～±10%)。

• 共4个16位定时器，2个与传统8051兼容的定时器/计数器；16位定时器T0和T1，2路PCA模块可再实现2个16位定时器。

• 2个时钟输出口，可由T0的溢出在P3.4/T0端输出时钟，可由T1的溢出在P3.5/T1端输出时钟。

• 外部中断I/O口7路，传统的下降沿中断或低电平触发中断，并新增支持上升沿中断的PCA模块，Power Down模式可由外部中断唤醒。

• PWM(2路)/PCA(可编程计数器阵列，2路)。

• A/D转换，10位精度ADC，共8路，转换速度可达25万次每秒)。

• 通用全双工异步串行口(UART)。

• P0 口：一个 8 位漏极开路双向 I/O 口，每个管脚可吸收 8 个 TTL 门电流。当 P1 口的管脚写“1”时，被定义为高阻输入。P0 能够用于外部程序数据存储器，可以被定义为数据/地址的第 8 位。当 Flash 编程时，P0 口作为原码输入口；当 Flash 进行校验时，P0 输出原码，此时 P0 外部电位必须被拉高。

• P1 口：是 8 个带内部上拉电阻的双向 I/O 口，P1 口缓冲器可接收输出 4 个 TTL 门电流。P1 口管脚写入“1”后，电位被内部上拉为高电平时，可用作输入。P1 口被外部下拉为低电平时，将输出电流。当 Flash 编程和校验时，P1 口作为第 8 位地址接收。

• P2 口：是 8 个带内部上拉电阻的双向 I/O 口，P2 口缓冲器可接收输出 4 个 TTL 门电流。当 P2 口被写“1”时，其管脚电位被内部上拉电阻拉高，且作为输入。作为输入时，P2 口的管脚电位被外部拉低，将输出电流，这是内部上拉的缘故。当 P2 口用于外部程序存储器或 16 位地址外部数据存储器进行存取时，P2 口输出地址的高 8 位。在给出地址“1”时，P2 口利用内部上拉的优势，当对外部 8 位地址数据存储器进行读写时，P2 口输出其特殊功能寄存器的内容。P2 口在 Flash 编程和校验时接收高 8 位地址信号和控制信号。

• P3 口：是 8 个带内部上拉电阻的双向 I/O 口，P3 口缓冲器可接收输出 4 个 TTL 门电流。P3 口写入“1”后，它们被内部上拉为高电平，并用作输入。作为输入时，由于外部下拉为低电平，P3 口将输出电流(ILL)，也是上拉的缘故。

2) TFT-LCD 液晶触摸屏的选型

TFT(Thin Film Transistor)是指薄膜晶体管，即每个液晶像素点都是由集成在有源像素点后面的薄膜晶体管来驱动，并由集成在自身的 TFT 来控制的。因此，TFT 不但可以极大地加快速度，而且可以提高分辨率。

TFT 为每个像素都设有一个半导体开关，每个像素都可以通过点脉冲直接控制，因而每个节点都相对独立，并可以连续控制，有效提高显示屏的反应速度。作为有源矩阵液晶显示器件，TFT 液晶显示器在每个像素点上设计了一个场效应开关管，这样容易对触点实现精确定位。同时，它还具有寿命长

(可达到 3 万小时以上)、面积大、集成度高、功能强、成本低、工艺灵活等特点。

2. 软件开发

数据的采集与处理分析过程如图 4-5 所示。

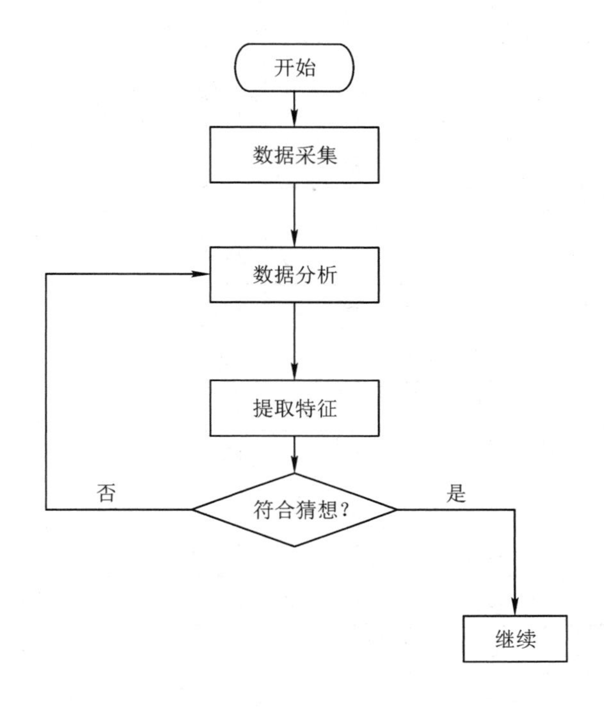

图 4-5　数据的采集与处理分析过程

数据的采集与处理分析过程如下:

(1) 对 153 名测试学生进行数据提取,测定人在无意识状态下的两手指之间张开的距离。每个手指依次触摸屏幕,取得两次触摸的坐标,计算距离。

(2) 每人录入 5 次距离,取均值。

(3) 验证时每人录入 3 次距离,取均值。

部分数据统计与分析结果如表 4-1 所示。

表 4-1　数据统计与分析结果

录入时两手指间的距离/mm					均值 1/mm	验证时两手指间的距离/mm			均值 2/mm	误差值/mm
1	2	3	4	5		1	2	3		
32	31	33	27	29	30.4	28	32	31	30.33333333	0.066666667
26	27	30	24	25	26.4	28	25	25	26.4	0
34	36	40	44	34	37.6	41	35	38	38	−0.4
49	43	23	45	43	40.6	34	45	44	41	−0.4
38	39	46	42	42	41.4	39	39	46	41.33333333	0.066666667
39	48	42	41	50	44	46	40	45	43.66666667	0.333333333
28	25	36	29	39	31.4	32	29	32	31	0.4
34	29	32	32	31	31.6	32	29	32	31	0.6
36	32	43	24	34	33.8	33	32	36	33.66666667	0.133333333
47	46	45	48	54	48	47	54	45	48.66666667	−0.666666667
45	44	46	45	34	42.8	39	45	43	42.33333333	0.466666667
40	35	35	34	34	35.6	32	39	34	35	0.6
33	34	31	37	30	33	32	33	34	33	0
23	24	31	23	25	25.2	26	25	25	25.33333333	−0.133333333
24	21	24	31	32	26.4	25	25	27	25.66666667	0.733333333
25	24	21	29	21	24	23	27	20	23.33333333	0.666666667
35	32	34	31	32	32.8	33	35	31	33	−0.2
37	35	41	42	43	39.6	42	40	39	40.33333333	−0.733333333
36	38	29	32	31	33.2	33	33	33	33	0.2
40	43	43	43	42	42.2	44	41	43	42.66666667	−0.466666667
44	44	41	44	43	43.2	45	42	44	43.66666667	−0.466666667
42	45	45	45	49	45.2	46	43	45	44.66666667	0.533333333
43	45	39	46	45	43.6	44	44	45	44.33333333	−0.733333333

结果如图 4-6 所示，可以很明显地看出，153 名学生里没有完全一样的距离存在，因此很容易得出结论：只要数据处理得当，通过此方法完全可以准确地对人的身份进行准确识别。

分组	频率	分布频率
15.5	1	0.011 813 976
20.34	1	0.015 481 172
25.42	3	0.022 930 866
27.57	7	0.028 806 039
29.44	8	0.037 055 241
30.11	9	0.041 291 933
31.35	15	0.052 374 616
32.21	16	0.064 353 916
33.23	24	0.088 310 483
34.16	21	0.133 685 483
35.28	15	0.350 401 389
40.11	13	0.007 440 153
45.34	9	0.025 821 094
50.33	8	0.016 849 521
55.26	5	0.012 536 082
59.42	1	0.010 318 581

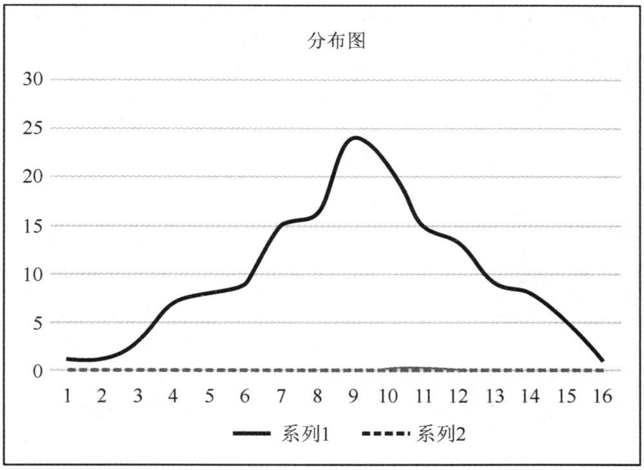

图 4-6　结果分析

固态识别是一种模式识别。本质上是将相似的特征归类，客观事物之间的差异有时十分明显，有时又较为模糊，这时给人的感觉便是“分不清楚”，难以作出定论，反映在人的语言中便是一些模糊性的概念，如成绩的好坏、个头的高矮、质量优劣等。当差别大时，结论可以毫不含糊，如 50 分与 90 分，成绩明显差和明显好。但 84 分与 85 分之间，硬说 84 分是中等成绩，85 分是优秀成绩，恐怕难以服众。只是人们在数量上划了一个界限，硬性作了规定后，才造成了上述说法，所以处于中间过渡状态中的事物不易区别。

通常把具有某种属性的事物的全体称为集合，集合中的每一成员称为集合的元素。设 E 是一个集合，A 是其子集，对任意 x 属于 E 用函数 $U_a(x)$ 表示

x 对于 A 的隶属程度，其值域为闭区间[0，1]，这时 A 称为 E 的一个模糊子集。$U_a(x)$称为 A 的隶属函数。很明显，当 $U_a(x)$的值域取{0，1}两个数值时，A 便退化为普通集合论中的子集，隶属函数则退化为特征函数。

a、b、c、d 分别表示数据集合中 E 的一个模糊子集，要确定 a。

对于 E，可知：

$$E=\{a, b, c, d\}$$

对于 E 中的每一个元素，指定其对 A 的隶属度，有

$$U_a(a)=1$$

$$U_a(b)=0.2$$

$$U_a(c)=0.4$$

$$U_a(d)=0.8$$

则 A 可表示：

$$A=\frac{1}{a}+\frac{0.2}{b}+\frac{0.4}{c}+\frac{0.8}{d}$$

设有两个模糊子集 A、B，其相对线性距离为

$$B(A, B)=\frac{1}{n}$$

$$\sum_{i=1}^{n} | u_a(x_i)-u_b(x_i) |$$

这里求两个模糊集之间的线性距离，当度量某一个模糊集 A 的模糊度时，则先定义一个普通集合，它根据 A 的隶属函数来确定，表示 A_1。

$U_a(x)<0.5$ 时 $U_{a1}(x)=0$ 或当 $U_a(x)>0.5$ 时 $U_{a1}(x)=1$，将 A 与 A_1 之间的相对线性距离称为 A 的线性模糊度：

$$L(A)=2\delta(A, A_1)$$

此时计算出不同人之间的相对距离，用相对模糊度来判定不同的人，进行身份认证，具有 95%以上的准确率。

当系统开始工作时，首先获取系统串口，然后读取存在串口中的数据(串口中的数据是从硬件设备端发送过来的数据，在串口没有被系统获取的情况

下，暂时将数据保留在串口中)，读取完数据之后，将数据储存于单片机的内部 RAM 中，并且显示在触摸屏上。通知数据库将该信息存入数据库当中，以便后续查询验证使用。模式特征数据提取流程如图 4－7 所示。

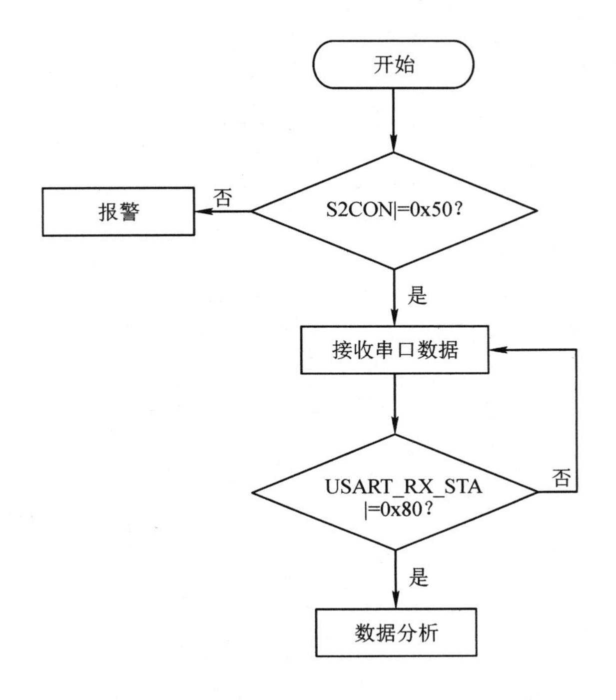

图 4－7　模式特征数据提取流程

3. 程序具体执行流程

(1) 获取通信系统串口 USART；

(2) 串口与无线模块握手成功，读取触摸屏上的坐标、按压频率和按压压力信息；

(3) 数据解析与处理，可视化显示、发出报警信号；

(4) 将处理后的信息存入数据库。

通过以上流程，便可将触摸屏上的坐标、按压频率和按压压力数据读入系统、处理、显示并存储到数据库中。

4. 具体操作的主要过程

数据接收过程如图 4－8 所示。

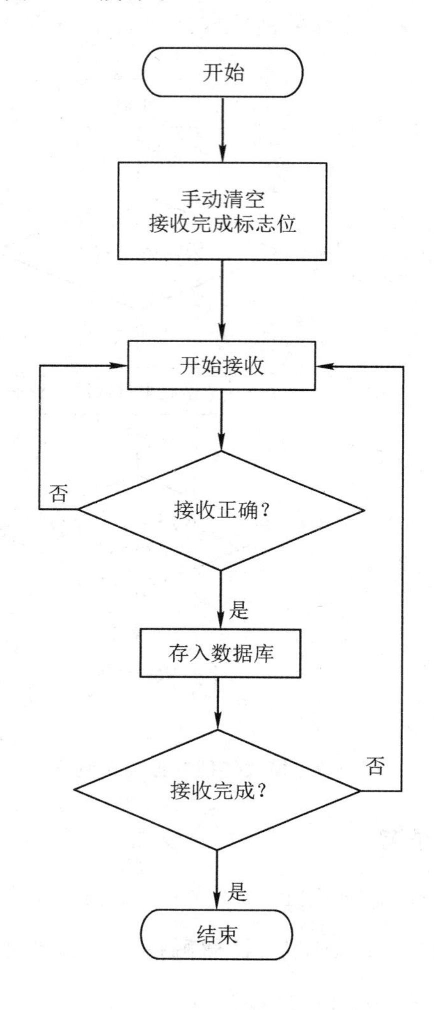

图 4－8　数据接收流程图

串口与无线模块握手成功，读取触摸屏上的坐标和按压频率。读取触摸屏上的坐标，如图 4－9 所示；读取触摸屏上的按压频率，如图 4－10 所示。

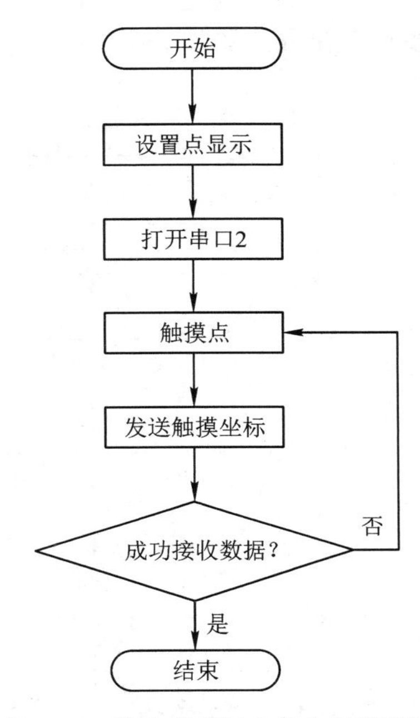

图4-9　读取触摸屏上的坐标流程图

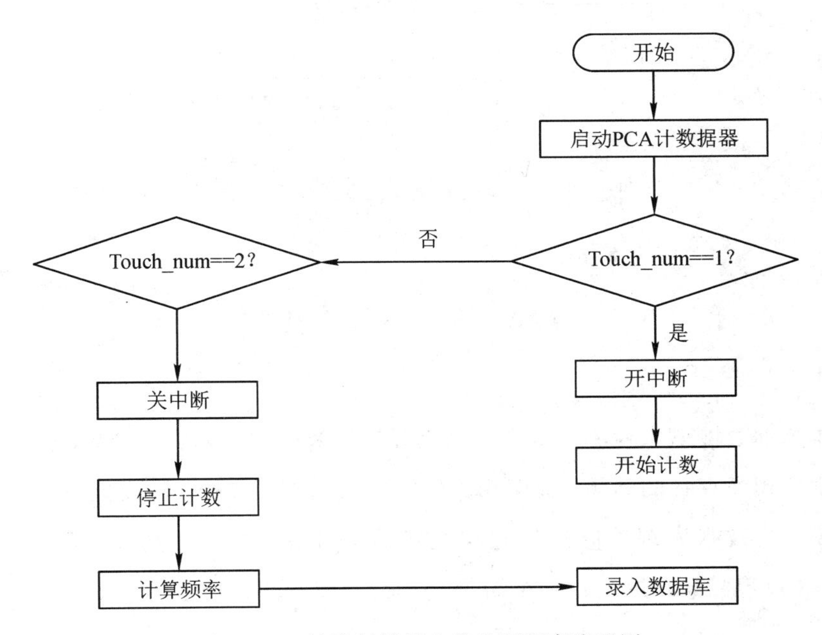

图4-10　读取触摸屏上的按压频率流程图

数据分析处理与报警处理流程如图 4－11 所示。

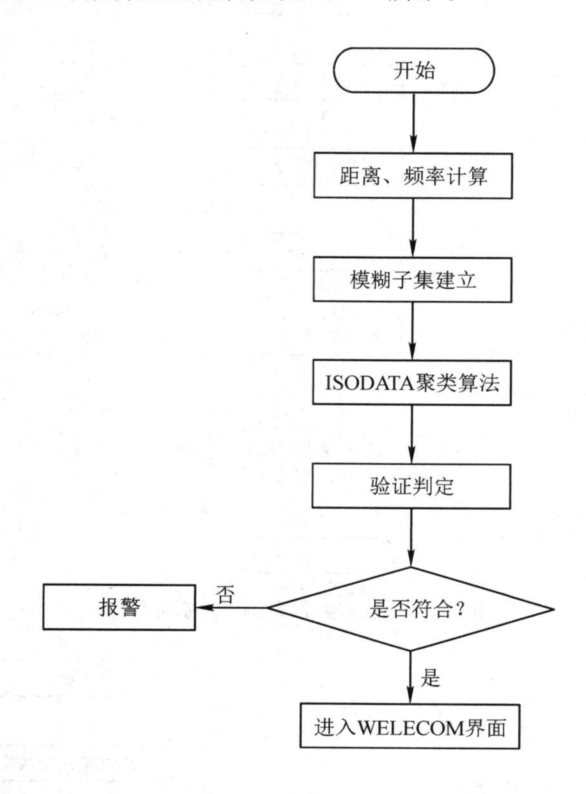

图 4－11 数据分析处理与报警处理流程图

4.4 算法实现

本节通过测试来检测技术实现的实际应用效果和功能实现的程度，详细了解技术实现所存在的问题，提取相关的实验数据进行分析，从而提高误识率和拒识率，为技术实现功能的优化与性能的提升提供参考。基于 DEMO 板和 TFT-LCD 液晶显示屏搭建一个简单的实验平台，如图 4－12 所示。

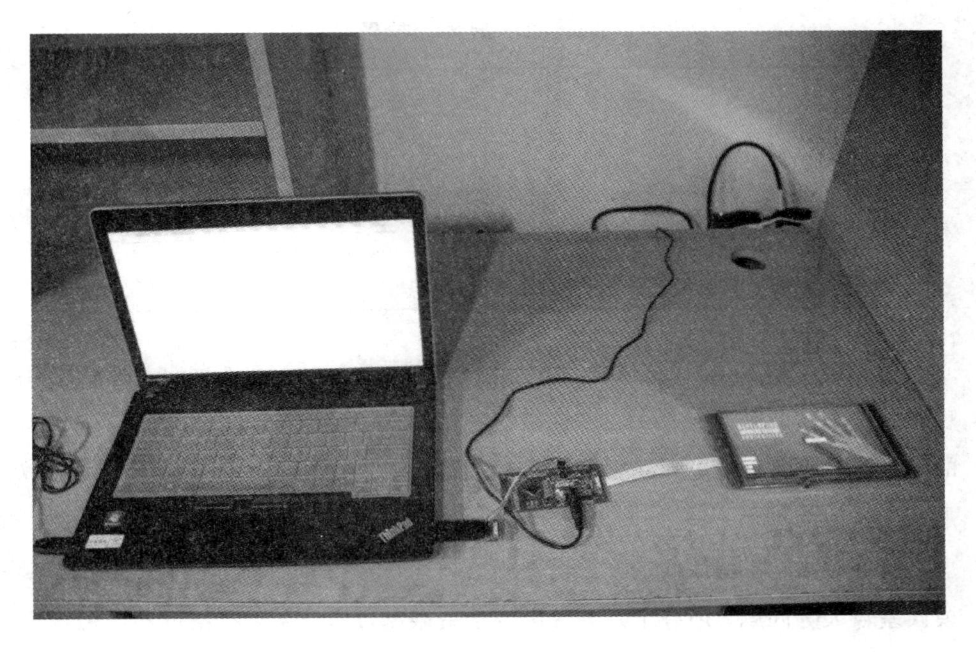

图 4-12　测试环境

按照数据采集、分组测试、结果统计的顺序进行实验验证。

(1) 找 40 名同学，进行数据提取，每人随意张开两手指，每个手指依次触摸屏幕，对数据进行采集；

(2) 数据经存储后，逐人进行验证，统计实验结果，计算通过率；

(3) 另找 40 名未进行数据采集的同学进行验证，统计实验结果，计算通过率；

(4) 将 80 名同学进行混编，进行验证，统计验证结果并进行记录，计算通过率。

4.5　测试结果与分析

通过实验，得到表 4-2 所示的测试结果。

表 4-2 测试结果

分　组	通过人数	未通过人数	通过率/%
第一组(40 人)	39	1	97.5
第二组(40 人)	2	38	5
第三组(80 人)	38	42	47.5

由实验数据可以发现，第一组人员经数据录入之后，在实验过程中没有出现理论上的实验效果，有 1 人未能被识别出来，同时在第二组同样也存在类似的问题，本来没有被录入数据的人员却被错误识别，由此可以分析装置存在以下几个方面的不足：

硬件方面：在硬件的选择方面，液晶屏存在分辨率过低、灵敏度不强、触摸误差较大等问题，还有个别硬件因为经费限制没有购买，在精度和灵敏度方面还有较大的提升空间。

软件方面：在程序的设计上还可以继续进行优化，算法创新还能够进一步提高。

同时技术实现在拒识率和误识率上还存在问题，有待加强，可以通过进一步的调试来达到预期目标。

4.6 系统的特点

针对现有身份识别系统存在的安全性不强、智能化程度不高等问题，本章提出并设计了一款基于人体固态特征的智能安全身份识别系统。经过测试，该系统基本达到了预期目标。

人体固态特征的智能安全身份识别系统具有以下创新点：

(1) 人体固态特征的应用使其可靠性、安全性大大提高。

人体固态特征中的无意识习惯性手势具有高度的唯一性、稳定性，且不易被模仿、伪造；手势随机组合组成手势密码的多样性，人体固有频率的不可重复性使之安全性大大提高。设计通过取代个人识别码和口令，阻止了非法授权的“访问”，可以在一定程度上防止盗用 ATM、蜂窝电话、智能卡、桌面 PC、工作站及其计算机网络；在各门禁场所中，生物固态特征身份识别技术可以取代钥匙、证件和图章等，其安全性将会有质的飞跃。

（2）采用多种策略确保数据产生的可靠性、数据融合的高效性以及数据传输的安全性。

本章深入分析了当下各种智能安全身份识别系统的安全需求，针对访问控制、物理安全、数据安全和系统安全等问题给出了相应对策，所构建的基于人体固态特征的智能安全身份识别体系及应用系统在原理、算法与实现层面上保证了数据来源的可靠性、数据融合的高效性及数据传输的安全性。

（3）设计通过软件程序的创新算法和硬件的合理应用，使身份识别的速度大大加快，而且使用简单方便。

软件方面：程序的创新算法使认证速度加快，且用户只需要将任意两手指与触摸屏直接接触，方便采集与读取，省时省力。

硬件方面：采用液晶显示增强了系统的交互性，采用单片机则在可靠性、抗干扰性、扩展性方面利于程序的实现和改进，同时所选单片机具有较丰富的指令系统，其逻辑控制功能及运行速度均高于同一档次的微处理器。

人体固态特征的智能安全身份识别系统具有以下特点：

（1）技术创新，实用性强。

本章从客观实际和市场需求出发，探索了生物特征识别技术在现实生活中的应用需求，在此基础上提出了基于人体生物特征的固态识别技术。系统分析、设计、开发了与其相适应的功能，在市场上应用后，能够解决目前一些身份识别系统面临的安全性不强、智能化不高等难题，具有一定的应用价值。

（2）软硬配套，规划合理。

在设计之初进行了合理规划，设定了由点及面分步实施的步骤，这给系统未来的发展和应用打下了良好的基础。目前主要针对安全性的提高，数据的提取和比对方面，运用了先进的数据融合方法对多种生物固态特征或者行为习惯进行整合，从而提高了系统的安全性、精度和可靠性。

（3）适用性强，前景广阔。

与传统的身份识别系统相比，基于生物固态特征的智能安全身份识别系统可以大大提高安全性，同时具有数据采集量大、检测精度高、部署方便等优点，在满足了市场其他身份识别系统所达到的基本需求基础上又优于同类技术实现，具有较高的推广应用价值。

第 5 章　基于 YAO 电路的致病基因检测终端防护技术

5.1 概　　述

越来越多的疾病被确认由某些特定基因的“恶性”变异引起。在对一些基因疾病进行治疗时，药物以及普通的治疗手段往往是行不通的，现如今的基因编辑、裁剪等技术为此类疾病的治疗提供了可行的方案，通过此类技术，将这些恶性变异基因进行重新编辑或裁剪，使其恢复到正常状态，可以从根本上治愈此类疾病。目前数千种单基因疾病已经获得了明确的基因组诊断方法和潜在的基因治疗目标。但如何在保护基因数据隐私的情况下，对患者基因数据进行分析，找到致病基因，是当前云环境下值得考虑的问题。虽然数据共享对于基因数据在疾病诊断中的使用至关重要，但是许多可能捐献数据的个人都担心隐私被泄露。在本章所讲的系统中，采取两步走的方法：首先，将患者基因组转化为简单值的载体，即对基因数据的编码，用三种布尔运算 MAX(求最大值)、Intersection(交集)、Set diff(差集)来帮助定位目标，通过基础电路模块来设计所需要的运算电路，从而找到致病基因，达到“服务”的目的；然后，应用一种称为 YAO 协议的加密方法来执行所需的计算，保证在过程中不泄露任何参与者的信息，达到对患者基因信息保密的目的。

5.2 背景及意义

5.2.1 设计背景

在对基因疾病进行诊断时，需要找到特定基因“恶性”变异发生的确切位置，而这往往需要进行基因对比。基因数据具有非常强的个人隐私性，这些信息被泄露，或者被不怀好意的人窃取都很可能给患者带来非常大的困扰，甚至引起基因歧视。Jagadeesh 等提供了一种解决方案，即结合了现代密码学和基于频率的临床遗传学的协议，用于诊断单基因疾病患者的因果性疾病突变。这个框架能够正确地识别和确定涉及实际患者的病例的因果基因，同时保护了超过 99%参与者的绝大多数的私人变异信息。但是该方案存在一定的局限性。方案中提出利用加密布尔电路，而其实现的可行性取决于计算的复杂性。如全基因组关联研究(Genome-Wide Association Study，GWAS)有数万个个体，目前使用 YAO 协议是不现实的，但可以通过英特尔软件保护扩展(Intel's Software Guard Extensions)等技术进行寻址或访问。在基因组研究的大多数领域，真正的挑战是当前分析的开放性。即使目前对最常见的(复杂的)疾病进行全基因组关联研究，也只能解释所观察到的疾病遗传率的一小部分。YAO 协议只适用于基因分析里面的单基因分析。

目前基因组数据处于"服务或保护"的两难境地。一方面要分析基因数据，另一方面要保护基因数据。为了找到疾病的根源，希望将患者的基因组与其他尽可能多的基因组进行比较，包括受影响和未受影响的、相关的和无关的。为了推进现代医学，所有测序的基因组都应该共享。然而，一个人的基因组在越来越多地揭示着关于自己的隐私，如易受各种疾病的影响等。具有基因相关疾病表型的个人将特别抗拒分享这种信息，因为他们害怕歧视和偏见。为了保护其所有者和近亲，不应共享测序的基因组。

目前，机构间通过提供有限的、模糊的汇总统计数据来完成对基因组的检测对比，但该共享方法存在易泄露个人隐私、数据不完整等缺点，使得它们并不是最优的解决方法。在某些场景中，对个别机构提供完全的访问权限允许其在某些情况下分享更多信息。特定疾病的"指向标"，即回答等位基因存在查询的 Web 服务器，容易受到"可以识别参与研究的个人"的攻击。指向标也只提供等位基因存在查询功能，并且没有分析个体内部变异交互所需的灵活性。此外，与专门从事基因组分析的第三方服务共享基因组数据是有风险的，因为这些服务可能希望进一步使这些数据货币化。

针对存在的问题，本章系统引入了一种既服务又保护的证明概念进行加密实现，需要从所有个体中获得数百万种基因组变异来进行计算。因此，用来确保基因组隐私的计算能力是很重要的，现代计算机能够在几秒或几分钟内完成操作。基于 YAO 电路的致病基因检测终端防护技术既可以保证精确计算，也可以提供更为保密的基因组诊断，并且随着密码学工具的不断改进，广泛应用计算机库来实现基因组隐私的工具，将鼓励更多个人为共同利益安全地贡献他们的基因组数据。

5.2.2 方案设计

本章系统是在致病基因检测中应用 YAO 电路，如图 5－1 所示。对系统的具体说明为：为了应用 YAO 的基因诊断协议，每个参与研究的个体都可以隐密地得到他们的 exome(基因组)数据。假设有 P_1，P_2，…，P_n 个患者想要检测自己有无基因疾病，就要到医疗机构进行基因测序，从而得到他们自己的基因组数据 x_1，x_2，…，x_n。与参照变异列表进行对比，这个参照变异列表包含了人类基因组中所有可能的罕见的错义(missense)突变和无意义的变异。错义突变是编码某种氨基酸的密码子经碱基替换以后，变成编码另一种氨基酸的密码子，从而使多肽链的氨基酸种类和序列发生改变。错义突变的结果通常能使多肽链丧失原有功能，许多蛋白质的异常就是由错义突变引起的。

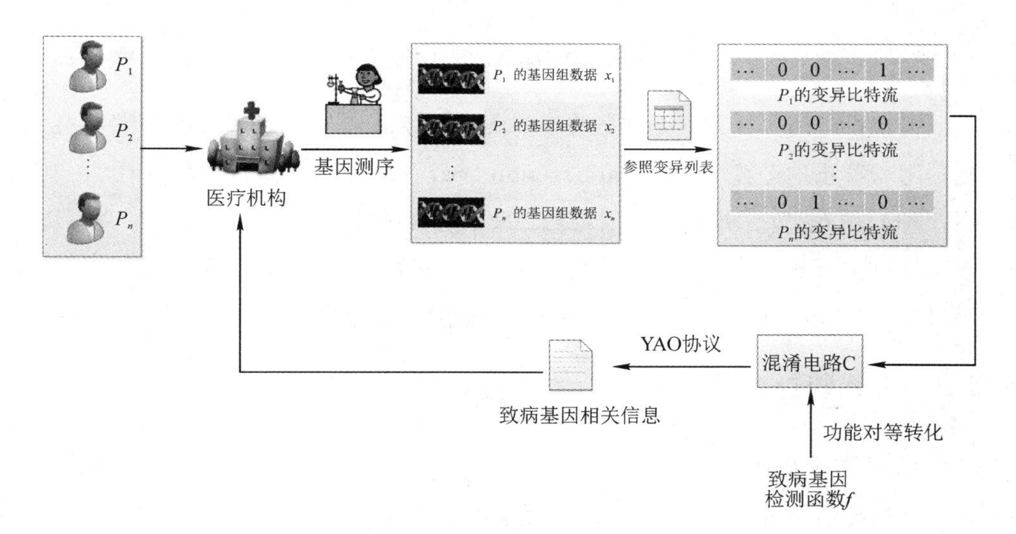

图 5－1　致病基因检测框架图

该系统要求检测者在每个变异变量旁边秘密地表示(使用简单的代码)"true"或"false"(分别表示它们是否有特定的突变)。如果正在寻找一个因果基因，首先为每个人提供一个由 20 663 个基因组成的基因矢量(这些基因来自人类基因组中的 A1BG 到 ZZZ3)。如果他们在这个基因中有一个或多个罕见的功能变异，要求他们在基因旁边写"1"，否则，在基因旁边使用非常简单的代码"0"。把 P_1，P_2，…，P_n 的变异比特流通过混淆电路 C，然后利用 YAO 协议混淆致病基因相关信息，最后医疗机构得到这些信息。整个过程体现了一种既服务又保护的加密实现。

5.2.3 设计结果

安全计算的另一种方法是使用完全同态加密(Fully Homomorphic Encryption，FHE)，该方法允许对加密的基因组数据进行任意计算，并且允许在多个计算中再次使用相同的(加密的)输入。然而，目前的 FHE 实现是相当低效的，并且不适合于大规模的基因组计算或复杂函数的评估。本章所采用技术的速度比目前最好的、最先进的 FHE 方案快至少 5000 倍。

5.3 框架设计与实现

框架设计的主要目的是在数据隐私保护环境下定位致病基因，采用的方法是利用三种布尔运算 MAX、Intersection、Set diff 来帮助定位致病基因，再利用 YAO 协议来保护用户的基因隐私。采用的关键技术是先利用基础电路模块来设计所需要的运算电路，然后利用 YAO 混淆电路、YAO 协议、不经意传输协议/茫然传输(Oblivious Transfer，OT)协议等实现。

5.3.1 系统组成

1. 茫然传输协议

茫然传输协议/不经意传输协议最早由 Rabin 在 1981 年提出，其作为密码学领域的一个基础协议，在安全两(多)方计算领域有着广泛应用。OT 协议是一种可保护隐私的双方通信协议，能使通信双方以一种选择模糊化的方式传送消息。OT协议也是密码学的一个基本协议，其使服务的接收方以不经意的方式得到服务发送方输入的某些消息，这样就可以保护接受者的隐私不被发送者所知道。

OT协议是涉及两个参与方的协议，即发送方S和接收方R。在最初的1-out-of-2茫然传输(OT_2^1)协议中，发送方有两个秘密输入(x_0，x_1)，接收方有一个选择比特$\sigma \in \{0, 1\}$。双方执行完协议之后，接收方得到输出x_σ，而发送方没有输出。随后，OT_2^1被扩展为1-out-of-n(OT_n^1)和k-out-of-n(OT_n^k)这两种较一般的情况。考虑最一般的OT_n^k情况，发送方持有n个秘密输入(x_0，x_1，…，x_{n-1})，接收方有k($k<n$)个输入比特(σ_1，…，σ_k)$\in \{0, 1, \cdots, n-1\}$(当$k=1$时，即只选择一个值，也就是$OT_n^1$协议)。协议结束后，接收方从$n$个值中得到相应的$k$个值($x_{\sigma_1}$，$x_{\sigma_2}$，…，$x_{\sigma_k}$)，且满足上述安全性。下面给出$OT_n^1$和$OT_n^k$协议的功能函数的详细描述：

(1) $F_{OT_n^1}$功能函数。

输入：发送方S输入(x_0，x_1，…，x_{n-1})；接收方R输入一个选择比特$\sigma \in \{0, 1, \cdots, n-1\}$。

输出：接收方输出x_σ；发送方输出$\perp$。

(2) $F_{OT_n^k}$功能函数。

输入：发送方S输入(x_0，x_1，…，x_{n-1})；接收方R输入k个选择比特(σ_1，…，σ_k)$\in \{0, 1, \cdots, n-1\}$。

输出：接收方输出(x_{σ_1}，x_{σ_2}，…，x_{σ_k})；发送方输出$\perp$。

2. YAO协议(安全两方交互协议)

假设两个参与方A和B分别持有私有数据x和y，他们想在不泄露任何中间信息的前提下计算出任意函数的值。应用YAO协议的主要思想是令其中的一个参与方(假设为A，也被称为电路构建方)构建出一个与两人所需计算的电路对应的加密版本的布尔电路，再由另外一方(假设为B，电路计算方)在加密电路上进行茫然计算，从而在双方均没有得到额外中间信息的前提下计算出电路的最终输出，即得到两人所需计算的最终结果。

YAO 协议举例说明如下：

问题：A 和 B 各自有一个 1 到 10 之间的秘密数字，两个人想知道到底谁的数字比较大，但是又不想泄露个人隐私。

分析：A 和 B 之间的数字比较组合一共有 100 种，其中，有 45 种组合 A 比 B 大，55 种组合 A 小于等于 B。

准备工作：

(1) A 首先制作两个钥匙集合 X 和 Y，每一个集合都对应有 10 把钥匙(对应数字 1 到 10，每一把钥匙上贴有对应数字的标签)，且这 10 把钥匙都对应有各自不同的锁。

(2) A 制作 100 个纸条或说明，上面写着每一种数字组合进行比较大小之后的结果。

(3) A 把这 100 个纸条或说明放入 100 个盒子中，然后根据其对应的每一种数字组合上 A 与 B 的数字，分别用两个钥匙集合中对应数字的钥匙所对应的锁把盒子锁上。

做法：

(1) A 进入一个房间 M，把这 100 个纸条或说明放入 100 个盒子中，然后根据其对应的每一种数字组合上 A 与 B 的数字，分别用两个钥匙集合中对应数字的钥匙所对应的锁把盒子锁上。A 拿走钥匙集合 X，留下钥匙集合 Y，离开房间 M。

(2) B 进入房间 M，从钥匙集合 Y 中找到自己秘密数字对应的钥匙，并将上面的标签撕掉后，拿走该钥匙，进入房间 N。

(3) 房间 N 里面有 A 随机顺序放置的 100 个盒子，且有一把没有标签的钥匙——对应着 A 所持有的秘密数字。B 用 A 数字对应的钥匙和 B 自己数字对应的钥匙，按照顺序对这 100 个盒子进行开锁测试，只有一个盒子可以被打开，且盒子里面有 A 和 B 个人数字的大小对比结果。即在互相不泄露隐私的情况下，得到所需的比较大小结果。A 也同时在场，这样可以知道最后的比较结果。

由于 YAO 协议采用的是对称加密，且所有的运算均在布尔电路上进行，因此相比于同态加密，具有密文扩展率低、运算效率高的特点。

3. YAO 混淆电路

YAO 混淆电路(YAO's Garbled Circuit)是一种实现半诚实敌手下的安全两方计算经典和有效手段。YAO 混淆电路可用于客户端将函数计算外包给服务器，并可验证其正确性。

为了进行 YAO 混淆电路的构造，首先介绍必要的预备知识：

(1) 在本节中，λ 表示安全参数。若一个函数的衰减速度比任意多项式的逆要快，则该函数是可忽略的，用 negl()来表示。若 n 是一个整数，则[n]表示集合 $\{1, 2, \cdots, n\}$。$X=\{X_n\}_{n\in N}$ 和 $Y=\{Y_n\}_{n\in N}$ 表示两个分布全体，若对所有非一致概率多项式时间 D 和每个 $n\in N$，$\Pr[D(X_n)=1]-\Pr[D(Y_n)=1]$是可忽略的，则 X 和 Y 是计算上不可区分的。用小写黑体字母表示向量，大写黑体字母表示矩阵。

(2) BHHO 加密算法是一个基于 DDH 假设的公钥加密算法。定义 q 是群 G 的生成元，$\ell=\lceil 3\log q \rceil$。该公钥加密算法 PKE 由以下三种算法组成：

Gen(1^λ)：从群 G 和$\{0, 1\}^\ell$ 中分别一致随机选择向量 $g_1, \cdots, g_\ell$ 和比特串 $s=(s_1, \cdots, s_\ell)$。计算 $h=\left(\prod_{i=1}^{l} g_i^{s_i}\right)^{-1}$，密钥 sk$=s$，公钥 pk$=((g_1, \cdots, g_\ell), h)$。

Enc(pk, m)：随机选择 $\gamma \leftarrow Z_q$，群元素 $m\in \mathbb{G}$加密后的密文形式为 $(g_1^r, \cdots, g_\ell^r, h^r \cdot m)$。

Dec(sk, c)：密文 $c=(c_1, \cdots, c_{\ell+1})$，算法输出 $m=c_{\ell+1}. \prod_{i=1}^{\ell} c_i^{s_i}$。

BHHO 算法的密钥和明文都具有加同态性质。定义 $f(x)=Ax+b$ 为从 Z_q^ℓ 到 Z_q^ℓ 的可转置映射转换(Invertible Affine Transformation，IAT)。若 $M^{-1}(X^{\mathrm{T}}|1)^{\mathrm{T}}=(f(x)^{\mathrm{T}}|1)^{\mathrm{T}}$，则定义 M 为 $f(x)$的逆映射转换(Reverse Affine Transformation，RAT)。若给定 BHHO 公钥 pk 和密钥 sk，加密比特 p 的密文为 $c\in \mathbb{G}^{\ell+1}$，则设密钥 sk$'=f$(sk)$\in\{0, 1\}^\ell$ 是 0－1 向量，那么 pk · M 是 sk$'$的公钥，$c\cdot M$ 是关于 pk · M 同样比特 p 的密文，明文具有同样的同态性质。对于密钥同态，因为在计算过程中用到了转置运算，所以映射转换必须是可转置的，而对于明文同态，任意的映射转换都可以。

采用 YAO 原有构造方法的表达方式进行混淆电路的构造。在半诚实模式下的安全两方计算中，有两个参与方王某和李某，有各自的输入，组合使用混淆电路和不经意传输可实现安全计算函数。与此不同的是，在可验证计算中只有客户端有私有的输入。

设有一系列具有 n-bit 输入的布尔电路$\{C_n\}_{n\in N}$，对于电路 $C\in\{C_n\}_{n\in N}$ 中电线 w，客户端随机选择 2 个 l-bit 标签$\mathcal{L}_w^0$、$\mathcal{L}_w^1$，分别表示电线 w 的输入比特为 0 和 1，其中 l 是 BHHO 的密钥长度。给定输入电线分别是 a 和 b，输出电线为 c 的门电路 g，为其随机选择 4 个新 $2l$bit 的掩码(Mask)$\delta_{i,j}$，其中 i，$j\in\{0, 1\}$，计算以下 4 个密文对：

$$\{(\mathrm{Enc}_{L_a^i}(\delta_{i,j}), \mathrm{Enc}_{L_b^j}((L_c^k \mid 0^\ell)\oplus\delta_{i,j})): i, j\in\{0, 1\}, k=i*j\}$$

其中，操作符 $*$ 表示门电路的相应操作。客户端使用 BHHO 密钥 L_a^i 加密掩码 $\delta_{i,j}$，使用另一个 BHHO 密钥 L_b^j 加密已与掩码异或的标签(与 ℓ-bit 0 连接)。4 个密文对随机排序以混淆电路结构。密钥(也就是电线标签)由客户端秘密存放。在电路计算过程中，客户端将整个混淆电路 Γ 和输入电线的标签(也就是客户端输入 $x\in\{0, 1\}^n$ 相应的编码 c)发送给服务器，服务器逐门电路检查电路，对于门电路 g，服务器获知两根输入电线标签 L_a 和 L_b，用 L_a 解密每个密文对的前半部分，用 L_b 解密其后半部分，并异或它们，如得到 $L_c^k|0^\ell$ 形式，就取其前半部分 L_c 作为门电路输出。最后，服务器计算所有的电路输出电线标签并发送给客户端。

为方便理解，首先将部分基础定义作以说明。

定义 1(混淆电路)　$\{C_n\}_{n\in N}$ 表示一系列具有 n bit 输入的布尔电路，电路 $C\in\{C_n\}_{n\in N}$ 的混淆电路方案 Gb 由以下 3 个过程组成：

Gb. Garble$(1^\lambda, C)\rightarrow(\Gamma, \mathrm{gsk})$：获取电路 C，输出混淆电路 Γ 和密钥 gsk。

Gb. Enc$(\mathrm{gsk}, x)\rightarrow c$：获取输入 x 和密钥 gsk，输出编码 c。

Gb. Eval$(\Gamma, c)\rightarrow y$：获取混淆电路 Γ 和 c，计算输出 y。

定义 2(混淆电路的正确性)　对每个安全参数 λ，$\forall C\in\{C_n\}_{n\in N}$，所有的 $x\in\{0, 1\}^n$：

$$\mathrm{pr}\begin{bmatrix}(\Gamma,\ \mathrm{gsk})\leftarrow \mathrm{Gb.Garble}(1^{\lambda},\ C)\\ c\leftarrow \mathrm{Gb.Enc}(\mathrm{gsk},\ x)\\ y\leftarrow \mathrm{Gb.Eval}(\Gamma,\ c):\ y=C(x)\end{bmatrix}=1-\mathrm{negl}(\lambda)$$

定义 3(静态安全)　混淆电路是静态安全的，如果存在 PPT 模拟器 S，对任意 PPT 敌手$\mathcal{A}$，

$$\mathrm{pr}[\mathrm{Exp}_{\mathcal{A},s}^{\mathrm{static}}(1^{\lambda},0)=1]-\mathrm{pr}[\mathrm{Exp}_{\mathcal{A},s}^{\mathrm{static}}(1^{\lambda},1)=1]\leqslant \mathrm{negl}(\lambda)$$

其中实验 $\mathrm{Exp}_{\mathcal{A},s}^{\mathrm{static}}(1^{\lambda},b)$定义如下：

挑战者随机选择比特 b。

敌手$\mathcal{A}$ 向挑战者提交 C 和 x。

如果 $b=0$，挑战者生成$(\tilde{\Gamma},\ \mathrm{gsk})\leftarrow \mathrm{Gb.Garble}(1^{\lambda},\ C)$ 和 $\tilde{c}\leftarrow \mathrm{Gb.Enc}(\mathrm{gsk},\ x)$，返回$\tilde{\Gamma}$ 和 $\tilde{c}$。

如果 $b=1$，挑战者生成 $(\tilde{\Gamma},\ \mathrm{state})\leftarrow S(1^{\lambda},\ T(C))$ 和 $\tilde{c}\leftarrow S(C(x),\ \mathrm{state})$，其中 $T(C)$揭露 C 的拓扑结构，返回 $\tilde{\Gamma}$ 和 $\tilde{c}$。

最后，敌手$\mathcal{A}$输出猜测比特 b'，如果 $b'=b$，则敌手$\mathcal{A}$获胜。

定义 4(适应性安全)　混淆电路是适应性安全的，如果存在 PPT 模拟器 S，对任意 PPT 敌手$\mathcal{A}$，

$$\mathrm{pr}[\mathrm{Exp}_{\mathcal{A},s}^{\mathrm{adaptive}}(1^{\lambda},0)=1]-\mathrm{pr}[\mathrm{Exp}_{\mathcal{A},s}^{\mathrm{adaptive}}(1^{\lambda},1)=1]\leqslant \mathrm{negl}(\lambda)$$

其中实验 $\mathrm{Exp}_{\mathcal{A},s}^{\mathrm{adaptive}}(1^{\lambda},b)$定义如下：

挑战者随机选择比特 b。

敌手$\mathcal{A}$ 向挑战者提交 C，挑战者返回 $\tilde{\Gamma}$。如果 $b=0$，挑战者生成 $(\tilde{\Gamma},\ \mathrm{gsk})\leftarrow \mathrm{Gb.Garble}(1^{\lambda},\ C)$；如果 $b=1$，挑战者生成 $(\tilde{\Gamma},\ \mathrm{state})\leftarrow S(1^{\lambda},\ T(C))$，其中 $T(C)$揭露 C 的拓扑结构。

敌手$\mathcal{A}$向挑战者提交 x，挑战者返回 $\tilde{c}$。如果 $b=0$，则挑战者生成 $\tilde{c}\leftarrow \mathrm{Gb.Enc}(\mathrm{gsk},\ x)$；如果 $b=1$，则挑战者生成 $\tilde{c}\leftarrow S(C(x),\ \mathrm{state})$。

最后，敌手$\mathcal{A}$输出猜测比特 b'，如果 $b'=b$，则敌手$\mathcal{A}$获胜。

这里以电路中的一个 OR 门电路为例，对该协议进行简要说明：

(1) 王某和李某各自拥有数据 X 和 Y[取值范围为(0, 1)]，分别对应于电路输入端口 W1 和 W2。X 和 Y 的运算结果由 W3 输出。

(2) 王某根据所计算的函数，为每个输入线路以及输出线路的可能取值 0

和 1，分别选取与之对应的混乱密钥，同时保证每条线路上的两个混乱密钥值具有相同的分布。

(3) 王某分别使用输入线路上的其中一个混乱密钥值作为加密密钥，来加密输出线路上与之对应的混乱密钥值，从而形成一个“混乱密钥真值表”，并根据输出端的混乱密钥和明文的对应关系，构建“输出解密表”，并将两个表顺序打乱后发送给李某。

(4) 王某将自己输入数据对应的混乱密钥发送给李某。

(5) 王某和李某执行 OT 协议，最终李某可以获取自己的输入数据对应的混乱密钥。

(6) 李某根据双方的密钥，对经过双重加密的密钥进行解密，最终只有一个加密密钥能够被正确解密，从而李某得到 OR 门电路输出端的混乱密钥。

(7) 李某对所有的门电路计算完毕后，得到整个电路最终的输出密钥，并将该密钥发送给王某。根据“输出解密表”中的对应关系，两人均可得到输出密钥所对应的明文结果。

4. 基因数据预处理(编码)

(1) 参与研究的个体去医院或研究中心进行基因组测序，获取他们的基因组数据。

(2) 为每个参与研究的个体提供一个基因变异向量，该向量包含了人类基因组中所有可能的罕见基因变异。

(3) 每个个体将其基因组数据与基因变异向量进行比对，如果在某基因位置处发生了向量中的变异，则在该位置标“1”，否则标“0”，最终得到关于自身的基因变异向量→01 比特串。

5.3.2 系统方案

(1) MAX 函数：用来定位所有患者中发生次数最多的突变基因。研究对象为患同一种基因疾病的患者。

(2) Intersection 函数：用来定位患者中共同发生的突变基因。研究对象为患同一种基因疾病或表现出同一种症状的患者。

(3) Set diff 函数：用来定位遗传疾病患者中，父母未发生而子代发生的突变基因。研究对象为父母正常、子代患病的家庭。

方案扩展：

近年来，随着云服务的推广，将具体应用拓展到云上进行服务显得尤为重要。云服务器Cloud A和Cloud B作为YAO协议的两个参与方，可以实现既服务又保护的目的。在未来的应用研究中可以将上述方案扩展到多方应用：

目前的安全多方计算协议在执行的过程中，需要所有的参与者实时在线。同时随着计算函数复杂度的增加，协议中需要交互的轮数也会随之增加。考虑到带宽以及工程难度等实际因素，这些协议的实用性不强。而YAO协议中，无论计算函数多复杂，参与双方都只需进行两轮交互即可，因此可将其扩展为多方参与。

假设有n个参与方，其各自拥有的私有数据为x_1，x_2，…，x_n，两个互相没有关联的云服务器Cloud A和Cloud B；需要计算的函数为f。

(1) 每一个参与方i选择一个随机数$r_i \bmod N$，并将其发送给云服务器Cloud A，即Cloud A得到$r_1 r_2 \cdots r_n \bmod N$。

(2) 每一个参与方i计算$(x_i - r_i) \bmod N$，并将其发送给云服务器Cloud B，即Cloud B得到$(x_1 - r_1)(x_2 - r_2)\cdots(x_n - r_n) \bmod N$。

(3) 云服务器Cloud A和Cloud B作为YAO协议的两个参与方，设计好函数f对应的混淆电路g，然后执行YAO协议，来对输入数据进行运算：

$$\begin{aligned} g((r_1 \cdots r_n), (x_1 - r_1, \cdots, x_n - r_n)) &= f(r_1 + x_1 - r_1, \cdots, r_n + x_n - r_n) \\ &= f(x_1, \cdots, x_n) \end{aligned}$$

方案扩展构想：

(1) 将健康的人也作为参考对象，将其基因与患者的基因数据进行对比，定位致病基因。

(2) 考虑生物变异的多样性，设置一定的门限，来更准确地定位致病基因。

(3) 考虑协议的改进优化，使用YAO协议的后期改进协议。

(4) 考虑多基因引起的基因疾病。

5.3.3 实现结果

在Linux中配置所需运行环境之后，按Makefile执行make命令，在命令行中显示图 5－2 所示的界面，表示编译成功，并在 genome-privacy-master 文件夹中生成 build 和 tests 文件夹。build 中的是 common. o；tests 下包括 ArgMaxServer、ArgMaxClient、BasicIntersectionServer、BasicIntersectionClient、SetDiffServer 和 SetDiffClient。测试程序具体实现了方案中设计的 MAX 函数、Intersection 函数和 Set dief 函数。

```
root@zn-Lenovo-G50-80: /home/zn/桌面/genome-privacy-master
文件(F) 编辑(E) 查看(V) 搜索(S) 终端(T) 帮助(H)
zn@zn-Lenovo-G50-80:~/桌面/genome-privacy-master$ sudo su
[sudo] zn 的密码:
root@zn-Lenovo-G50-80:/home/zn/桌面/genome-privacy-master# make
g++ -O2 -I/usr/local/include -I. -march=native -g -I/usr/local/ssl/include -L/us
r/local/ssl/lib -Wl,-rpath=/usr/local/ssl/lib -std=c++11 -o tests/ArgMaxServer A
rgMaxServer.cpp build/common.o -L/usr/local/lib -Llib -lot -lgmp -lgmpxx -lmirac
l -lssl -lcrypto -lgc
g++ -O2 -I/usr/local/include -I. -march=native -g -I/usr/local/ssl/include -L/us
r/local/ssl/lib -Wl,-rpath=/usr/local/ssl/lib -std=c++11 -o tests/ArgMaxClient A
rgMaxClient.cpp build/common.o -L/usr/local/lib -Llib -lot -lgmp -lgmpxx -lmirac
l -lssl -lcrypto -lgc
g++ -O2 -I/usr/local/include -I. -march=native -g -I/usr/local/ssl/include -L/us
r/local/ssl/lib -Wl,-rpath=/usr/local/ssl/lib -std=c++11 -o tests/BasicIntersect
ionServer BasicIntersectionServer.cpp build/common.o -L/usr/local/lib -Llib -lot
 -lgmp -lgmpxx -lmiracl -lssl -lcrypto -lgc
g++ -O2 -I/usr/local/include -I. -march=native -g -I/usr/local/ssl/include -L/us
r/local/ssl/lib -Wl,-rpath=/usr/local/ssl/lib -std=c++11 -o tests/BasicIntersect
ionClient BasicIntersectionClient.cpp build/common.o -L/usr/local/lib -Llib -lot
 -lgmp -lgmpxx -lmiracl -lssl -lcrypto -lgc
g++ -O2 -I/usr/local/include -I. -march=native -g -I/usr/local/ssl/include -L/us
r/local/ssl/lib -Wl,-rpath=/usr/local/ssl/lib -std=c++11 -o tests/SetDiffClient
SetDiffClient.cpp build/common.o -L/usr/local/lib -Llib -lot -lgmp -lgmpxx -lmir
acl -lssl -lcrypto -lgc
root@zn-Lenovo-G50-80:/home/zn/桌面/genome-privacy-master# 
```

图 5－2　命令行显示编译成功

5.3.4　技术指标

1. 系统配置

计算机配置为 Linux ubuntu 18. 04. 1，安装必需的编译器 gcc version 7. 3. 0 和必需的库 OpenSSL-1. 0. 2p。在计算机网络上，OpenSSL 是一个开放源代码的软件库包，应用程序可以使用这个包来进行安全通信，避免窃听，同时确认另一端连接者的身份。这个包被广泛应用于互联网的网页服务器上。

2. 保护商数

为了量化系统提供的隐私保障，将计算结果“保护商数”定义为不向其他参与者或运行计算的实体公开的私有信息的分数，保护商是量化基因隐私保护系统对基因变异数据的保护能力。在上述协议中，保护商是从输出中保留的患者变异总数与输入到计算中的患者变量变异的比率。标准的无保护患者诊断操作的保护商数为 0%，因为所有值都必须暴露以执行计算。

5.4 算法实现

测试的原理是利用三种布尔运算 MAX、Intersection、Set diff 来帮助定位致病基因。每一种布尔运算都分为服务器端 Server 和客户端 Client，具体为 ArgMaxServer、ArgMaxClient、BasicIntersectionServer、BasicIntersectionClient、SetDiffServer 和 SetDiffClient。

5.4.1 测试方案

提供客户端和服务器模块用于评估三种不同的模块，并且假定王某是服务器端，李某是客户端，按照先运行服务器端，后运行客户端的顺序。在“inputs/”目录中提供了一些测试例子。这些例子旨在演示不同的功能，并根据三种布尔运算的不同功能，可以把测试分为三步，使用以下命令集来运行提供的示例输入文件中的每个程序：

(1) 服务器：./tests/ArgMaxServer inputs/input_argmax.txt 20000 2；

客户：./tests/ArgMaxClient inputs/input_argmax.txt 20000 2。

(2) 服务器：./tests/BasicIntersectionServer inputs/input_intersection.txt 50000；

客户：./tests/BasicIntersectionClient inputs/input_intersection.txt 50000。

(3) 服务器：./tests/SetDiffServer inputs/input_setdiff.txt 20000 2；

客户：./tests/SetDiffClient inputs/input_setdiff.txt 20000 2。

5.4.2 内核代码分析

代码的运行需要调用 Linux 下许多特有的库，该代码基于 OT 的扩展实现，并使用 MIRACL 库进行椭圆曲线算法。在本小节中，以 MAX(ArgMax-

Server 和 ArgMaxClient)为例来具体说明进行的工作：

▶ 执行./build_miracl 命令构建所有 MIRACL 应用程序

```
#! /bin/bash
cd util/Miracl
bash linux64
cd -
mkdir -p ../lib
cp util/Miracl/miracl.a ../lib/libmiracl.a
```

▶ 执行./build_libs 命令将编译乱码电路和遗忘传输 OT 扩展库

```
#! /bin/bash
cd GC; make; cd-;
cd OTExtension; make miracl; make; cd-
```

▶ 在执行 ArgMaxServer.cpp 源程序中，调用了 OTServer.h 和 common.h 头文件

```
#include <iostream>
#include <sstream>
#include <stdint.h>
#include "OTExtension/protocol/OTServer.h"
#include "common.h"
using namespace std;
static void RunProtocol(CSocket* socket, byte* input, void* args) {
uint32_t nElems = ((ArgMaxArgs*) args)->nElems;
    uint32_t nBits  = ((ArgMaxArgs*) args)->nBits;

    uint32_t nServerInputWires = nElems * nBits;
    uint32_t nInputWires = 2 * nServerInputWires;
      GarbledCircuit circuit;
    CreateArgMaxCircuit(circuit, nElems, nBits);
    if(! RunServerProtocol(socket, circuit, input, nInputWires, nServerInputWires)) {
        ServerLog("protocol execution failed");
  }
}
```

主函数读取完输入后，运行传输协议 RunProtocol，之后创建 ArgMax 混

淆电路，运行服务器协议。

▶ 在头文件 OTServer.h 中定义了布尔向量

```
public:
OTServer() { }
    ~OTServer() {
      U.delCBitVector();
    }
void InitOTSender(CSocket * socket);
void InitOTSender(const char * addr, int port);

    BOOL ObliviouslySend(CBitVector& X1, CBitVector& X2, CBitVector &
delta, uint64_t numOTs);
```

▶ 在头文件 common.h 中定义了结构体：ArgMaxArgs

```
struct ArgMaxArgs {
  uint32_t nElems;
  uint32_t nBits;
  ArgMaxArgs(uint32_t nElems, uint32_t nBits) : nElems(nElems), nBits(nBits) { }
};
```

并创建 ArgMax 的电路

```
void CreateArgMaxCircuit(GarbledCircuit& circuit, int nElems, int nBits);
```

▶ 对 genome-privacy-master 执行 make 命令等到 tests 结果文件

5.4.3　功能测试

服务器端和客户端建立连接，首先进行 OT 传输测试，由测试数据可知，OT 传输的数据没有差错，并且得到了相应的输出。一方面，输入的是二进制数据，在 ArgMax 输入的是 20 000 个基因 0-1 序列；在 BasicIntersection 输入的是 50 000 个基因 0-1 序列；在 SetDiff 输入的是 20 000 个基因 0-1 序列。另一方面，输出的只是用上述三个具体函数定位的致病基因的位置，而没有涉及用户的任何隐私。例如，SetDiffClient 的输出为 3804 3853 6004 9680 10719 11088 15225 15801 16889 18303，说明在第 3804 3853 6004 9680 10719 11088 15225 15801 16889 18303 个位置存在父母未发生而子代发生的突变基因。具体的情况统计如表 5-1 所示。

表 5-1 数量统计

使用数量统计	ArgMaxClient 函数	BasicIntersectionClient 函数	SetDiffClient 函数
元素数量	20 000	50 000	20 000
门的数量	539 986	50 000	300 000
与门的数量	159 996	50 000	100 000
线的条数	699 985	150 000	480 001

5.4.4 性能测试

从测试结果中可以分析得到，客户端可以无差错地接收到服务器端发送的数据，但是客户端发送的数据服务器端接收的有微小的误差，这说明了数据在传输过程中存在问题。具体的情况统计如表 5-2 所示。

表 5.2 误差统计表

<table>
<tr><th>函数名称</th><th>发送的比特数</th><th>收到的比特数</th><th>总的比特数</th><th>错误字节的统计信息</th></tr>
<tr><td>ArgMaxServer 函数</td><td>19 204 388</td><td>641 098</td><td>19 845 486</td><td rowspan="2">4</td></tr>
<tr><td>ArgMaxClient 函数</td><td>641 102</td><td>19 204 388</td><td>19 845 490</td></tr>
<tr><td>BasicIntersectionServer 函数</td><td>4 804 772</td><td>800 842</td><td>5 605 614</td><td rowspan="2">4</td></tr>
<tr><td>BasicIntersectionClient 函数</td><td>800 846</td><td>4 804 772</td><td>5 605 618</td></tr>
<tr><td>SetDiffServer 函数</td><td>12 164 772</td><td>960 586</td><td>13 125 358</td><td rowspan="2">4</td></tr>
<tr><td>SetDiffClient 函数</td><td>960 590</td><td>12 164 772</td><td>13 125 362</td></tr>
</table>

在测试数据与结果中还给出了网络通信时间、非网络执行时间和总协议执行时间，如表 5-3 所示。

表 5-3 时间统计

时间统计	ArgMax 函数	BasicIntersection 函数	SetDiff 函数
网络通信时间	0.005 461	0.002 053	0.004 469
非网络执行时间	0.224 856	0.132 533	0.152 334
执行协议总时间	0.230 317	0.134 586	0.156 803

5.4.5　测试数据与结果

按照测试方案，可以得到 ArgMaxServer 和 ArgMaxClient，BasicIntersectionServer 和 BasicIntersectionClient，SetDiffServer 和 SetDiffClient 的相关测试数据与结果，如图 5－3～图 5－8 所示。

```
llf@llf:~/文档/genome-privacy-master$ ./tests/ArgMaxServer inputs/input_alice_argmax.txt 20000 2
[server] finished reading input
[server] accepted connection from client
OT bytes sent: 644736
OT bytes received: 641098
[server] finished OT for input wires

bytes sent: 19204388
bytes received: 641098
```

图 5－3　ArgMaxServer 的测试数据

```
llf@llf:~/文档/genome-privacy-master$ ./tests/ArgMaxClient inputs/input_bob_argmax.txt   20000 2
[client] finished reading input
[client] successfully connected to server
[client] finished OT for input wires
OT bytes sent: 641098
OT bytes received: 644736

output: 3834 9936 10737 10778 13041 18321 18750 18907  (2)

Number of elements:  20000
Number of gates:     539986
Number of AND gates: 159996
Number of wires:     699985

bytes sent: 641102
bytes received: 19204388
total bytes: 19845490

network communication time: 0.005461
non-network execution time: 0.224856
total protocol execution time: 0.230317
llf@llf:~/文档/genome-privacy-master$
```

图 5－4　ArgMaxClient 的测试数据

```
root@llf:/home/llf/文档/genome-privacy-master# ./tests/BasicIntersectionServer i
nputs/input_alice_intersection.txt 50000
[server] finished reading input
[server] accepted connection from client
OT bytes sent: 804736
OT bytes received: 800842
[server] finished OT for input wires

bytes sent: 4804772
bytes received: 800842
```

图 5-5 BasicIntersectionServer 的测试数据

```
llf@llf:~/文档/genome-privacy-master$ ./tests/BasicIntersectionClient inputs/inp
ut_bob_intersection.txt 50000
[client] finished reading input
[client] successfully connected to server
[client] finished OT for input wires
OT bytes sent: 800842
OT bytes received: 804736

output: 2575 11673 14088 26199 28604 36385 37806 39010 39846 41792

Number of elements:  50000
Number of gates:     50000
Number of AND gates: 50000
Number of wires:     150000

bytes sent: 800846
bytes received: 4804772
total bytes: 5605618

network communication time: 0.002053
non-network execution time: 0.132533
total protocol execution time: 0.134586
```

图 5-6 BasicIntersectionClient 的测试数据

```
root@llf:/home/llf/文档/genome-privacy-master# ./tests/SetDiffServer inputs/inpu
t_alice_setdiff.txt 20000 2
[server] finished reading input
[server] accepted connection from client
OT bytes sent: 964736
OT bytes received: 960586
[server] finished OT for input wires

bytes sent: 12164772
bytes received: 960586
```

图 5-7 SetDiffServer 的测试数据

```
llf@llf:~/文档/genome-privacy-master$ ./tests/SetDiffClient inputs/input_bob_set
diff.txt 20000 2
[client] finished reading input
[client] successfully connected to server
[client] finished OT for input wires
OT bytes sent: 960586
OT bytes received: 964736

output: 3804 3853 6004 9680 10719 11088 15225 15801 16889 18303

Number of elements:  20000
Number of gates:     300000
Number of AND gates: 100000
Number of wires:     480001

bytes sent: 960590
bytes received: 12164772
total bytes: 13125362

network communication time: 0.004469
non-network execution time: 0.152334
total protocol execution time: 0.156803
```

图5-8 SetDiffClient的测试数据

5.5 应用前景

基因是遗传的基本单元，携带遗传信息的DNA或RNA序列通过复制把遗传信息传递给下一代，指导蛋白质的合成来表达自己所携带的遗传信息，从而控制生物个体的性状表达。基因检测是通过血液、其他体液、细胞对DNA进行检测的技术，是取被检测者外周静脉血或其他组织细胞，扩增其基因信息后，通过特定设备对被检测者细胞中的DNA分子信息作检测，分析它所含有的基因类型、基因缺陷及其表达功能是否正常的一种方法，从而使人们能够了解自己的基因信息，明确病因或预知身体患某种疾病的风险。

个性化基因组学正在改变21世纪的医学。它为人类癌症基因组学打开了一个窗口，并对引发复杂的多基因疾病的基因组合提供了新的见解。个体化医学的第一个重大胜利在于单基因疾病领域，估计该研究的影响涉及多达10%的人群。

基因检测可以诊断疾病，也可以用于疾病风险的预测。疾病诊断是用基因检测技术检测引起遗传性疾病的突变基因。目前应用最广泛的基因检测是新生儿遗传性疾病的检测、遗传疾病的诊断和某些常见病的辅助诊断。

我国癌症一直都是上升趋势，能预知风险是件好事。基因检测主要是提供可能罹患疾病的风险率。理论上，健康人的基因检测结果将终身不变，一个检测项目一生只需要做一次。所以，了解到自己的特性，就可以积极主动地采取预防措施(专业团队会为你定制专属的个性化健康管理方案)，降低实际得病风险，预防大于治疗，在检测的同时保护个人的隐私安全，确保私人信息不被泄露，这才是基因检测隐私保护的最根本意义。

目前基因组数据处于“服务或保护”的两难境地，基于YAO电路的致病基因检测终端防护系统可以在保护基因数据隐私的情况下对患者基因数据进行分析，找出致病基因，同时通过使用安全多方计算来保护参与者的隐私。利用了三种布尔运算MAX(求最大值)、Intersection(交集)、Set diff(差集)来帮助定位致病基因，通过基础电路模块来设计所需要的运算电路，然后利用YAO协议保护用户的基因隐私，实现定位致病基因和保护数据隐私的预期目标，利用“两云模型”，将基于两方安全计算的YAO协议扩展为支持任意数量参与方的安全多方计算协议，从而达到既可检测致病基因，又可保护患者隐私的目的，具有较高的创新性。在医学诊断、基因测序、基因组计划、信息安全保护等方面都有着重要的意义和广泛的应用前景。

第 6 章　基于瞳孔移动轨迹的身份认证技术

6.1　背景及意义

6.1.1　设计背景

21 世纪，生物识别的发展呈螺旋上升趋势，利用生物识别进行身份认证成为各国重点研究方向之一。据统计，2013 年全球生物识别市场规模为 34.22 亿美元，2015 年生物识别市场规模接近 98 亿美元，2020 年生物识别市场达到 130 亿美元，预计到 2025 年全球生物识别市场将突破 250 亿美元，年均复合增长率(CARG)为 14.9%，增速较为稳定，其中指纹识别技术占比最高，以 58% 的数据占绝对主导地位。各类生物识别技术的市场占比如图 6-1 所示。

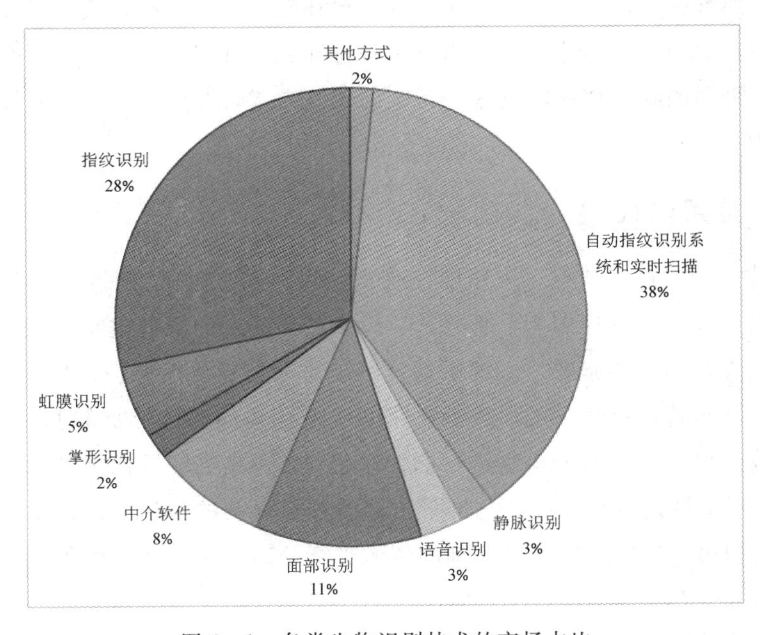

图 6-1　各类生物识别技术的市场占比

现有的身份验证方式在给人们的生活带来便捷的同时，也存在一定程度上的安全隐患。因此对于身份认证领域，寻求一种安全的、高效的身份认证方式迫在眉睫。

眼动追踪技术作为一种新型的人机交互技术，能够很好地反映人们对于外界事物的感知变化。基于每个人的瞳孔移动轨迹不易被模仿的特性，本章设计了一款基于瞳孔移动轨迹的身份认证系统。其可以应用在移动支付、企业安保、门禁系统等众多场景，能够更好地保护公民的财产安全。

6.1.2 设计意义

在信息化时代，人们的信息财产和物质财产越来越多。但随着科学技术的发展，对密码的破解、对图像的采集和仿真、对残余秘密信息的恢复等技术都得到了极大的发展。不法分子通过这些技术手段，利用传统身份认证方式灵活性低、生物信息被盗取后不可改变等漏洞，盗取用户认证信息而造成公民财产损失的事件时有发生。现有的识别方式已经不能满足安全需求。

本章设计的基于瞳孔移动轨迹的身份认证系统采用的是一种动态识别认证方式，能够弥补许多传统身份认证方式存在的漏洞和短板。利用瞳孔移动轨迹进行身份认证具有安全性高、用户体验感和交互性好、认证信息更改灵活等优点，所采用的瞳孔移动轨迹这一新颖的认证方式，为身份认证领域提供了全新的思路。

6.1.3 应用现状

瞳孔移动轨迹的捕捉可采用硬件或软件两种方法实现。基于硬件进行瞳孔移动轨迹捕捉的基本原理为：通过光学设备对测试者的眼部进行定位，而后根据红外线在眼角膜与瞳孔之间的折射连续地对采集到的图像进行处理，以此达到瞳孔移动轨迹捕捉的目的。基于软件进行瞳孔移动轨迹捕捉的基本原理为：通过摄像头对目标区域的事物进行图像采集，在采集到的图像中进行人脸定位和眼部定位，根据用户的瞳孔与屏幕上的注视点之间的映射关系确定瞳孔的相对位置，利用软件连续地对采集到的图像进行处理，以此达到瞳孔移动轨迹捕捉的目的。

目前，瞳孔移动轨迹捕捉技术主要应用于以下几个领域：一是心理健康测查与分析领域；二是广告设计与需求分析领域；三是交通道路安全领域。光学图像采集技术以及图像信息处理技术越发成熟，对瞳孔移动轨迹捕捉的速度以及精度也越来越高，为利用这一特征进行身份认证提供了极大的便利和可行性。

6.2　框架设计与实现

6.2.1　系统介绍

瞳孔移动轨迹因具有虚拟、动态、不易被模仿的特性，使其相比于传统的认证方式更加安全可靠。基于瞳孔移动轨迹的身份认证系统利用 Python 语言编写，利用 Openmv 摄像头与用户实现人机交互，主要由标定点坐标预处理、瞳孔捕捉、信息生成、身份判定四大功能模块构成。其实现身份认证的基本流程如图 6-2 所示。

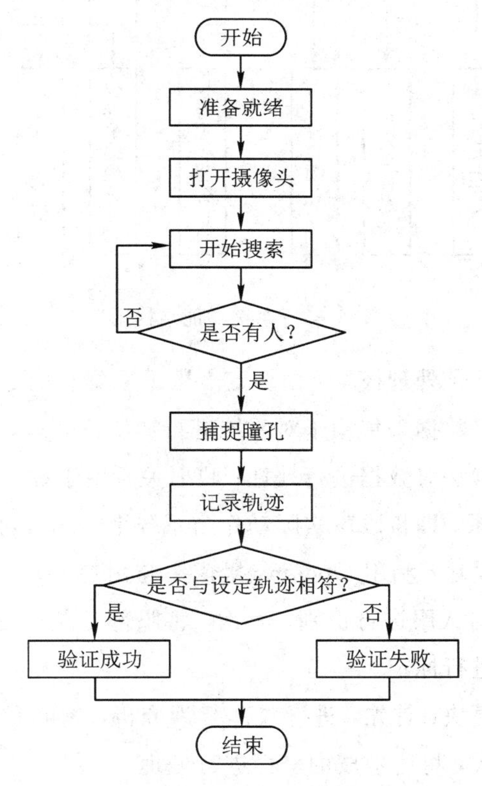

图 6-2　身份认证的基本流程图

基于瞳孔移动轨迹的身份认证系统的四个功能模块共同作用，组成了身份检测识别系统，其功能结构如图 6-3 所示。

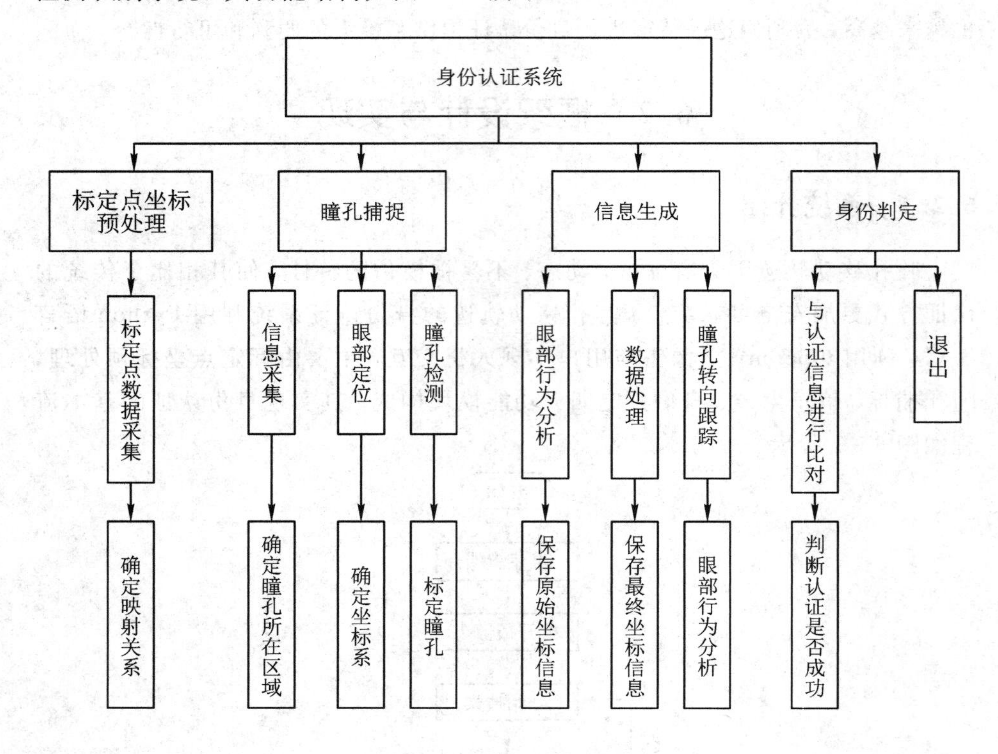

图 6-3　系统功能结构图

（1）标定点坐标预处理模块：由标定点数据采集和确定映射关系两个子部分组成，其中标定点数据采集用于对系统进行初始化处理，标定系统初始零点位置，以便于后续算法对数据进行处理；映射关系用于确定眼坐标与算法坐标系统之间的对应关系，即将眼球实际动作与系统坐标进行对应处理。

（2）瞳孔捕捉模块：利用 Openmv 摄像头与用户实现人机交互。首先，在摄像头可视范围内对人眼进行识别；其次，将眼部定位；最后，在眼睛里进行瞳孔检测，并对其进行标定。

（3）信息生成模块：首先，进行眼部行为分析，判断眼睛所注视的位置并生成二维坐标；其次，将所生成的坐标进行处理，以第一个注视点为原点建立二维直角坐标系，将处理后的数据作为瞳孔坐标的最终输出值；最后，进行瞳孔转向跟踪，生成瞳孔的移动轨迹。

(4) 身份判定模块：系统终端存有已注册用户信息，在用户开始进行身份认证并生成瞳孔移动轨迹信息后，与已注册的用户认证信息进行比对，来达到身份认证的目的。

6.2.2 开发环境

硬件环境：Windows10、Intel(R)Core(TM)i5-8300H CPU @2.30GHz、8 GB 运行内存、64 位的操作系统计算机、Openmv 红外摄像头。

软件环境：IDLE(Python3.7.9)、Openmv IDE。

1. 注视点坐标范围设定

(1) 设定原理。

利用瞳孔的移动轨迹进行身份认证，其核心思想是将用户的瞳孔移动轨迹与事先设定好的轨迹进行比对，以此达到身份认证的效果。因此，需要求出瞳孔中心与注视点之间的映射关系，这也是描述瞳孔移动轨迹的核心。

当用户头部相对于摄像头静止时，眼睛的位置不会发生改变。因此，瞳孔中心与注视点坐标之间存在相互对应关系。当用户的注视点改变时，唯一变化的就是瞳孔的位置，只需要求出这种映射关系就可以判断用户注视的位置。

(2) 数据采集。

本章事先在亚克力塑料板均匀地标定六个点。受试者头部与摄像头的位置相对固定。保证只有瞳孔相对于亚克力塑料板是运动的。实验过程中要求受试者对每个点注视 8 s，然后转向下一个点，重复此过程。整个采集过程共花费 48 s。每组采集的数据在 300 次左右。为准确求出瞳孔坐标与注视点位置的映射关系，共采集 25 组数据。

(3) 确定注视点坐标范围。

当用户处于静止状态注视一个点时，瞳孔的位置并非一成不变，而是在很小的范围内抖动。因此我们把瞳孔和注视点的映射关系确定为一个坐标范围。这样既保证了准确性，又提高了一定的容错性，从整体上增强了基于瞳孔移动轨迹的身份认证系统的实用性。

将采集的数据汇总并制作成散点图，如图 6－4 所示(可扫码看彩图)。通过对散点图的分析可以大致确定每个注视点的坐标范围，但是在每个注视点的坐标范围内又存在少量的交叉坐标，这是由采集数据时受试者的错误动作或环境的差异造成的。

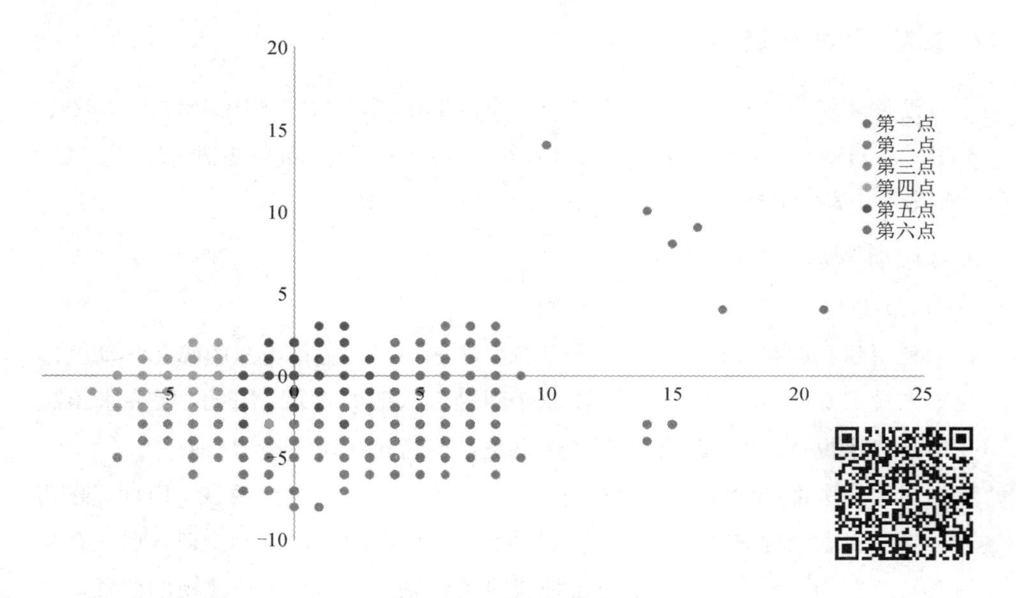

图 6－4　生成数据散点图

2. 瞳孔捕捉模块

(1) 眼部识别。

在任意范围内，利用积分图的特点对某一点的像素值进行计算，然后利用这一特点生成 Haar 特征。图 6－5 为常见的 Haar 特征，由黑色块和白色块构成，分别求出它们的像素值，然后利用像素值之间的差异进行比较。

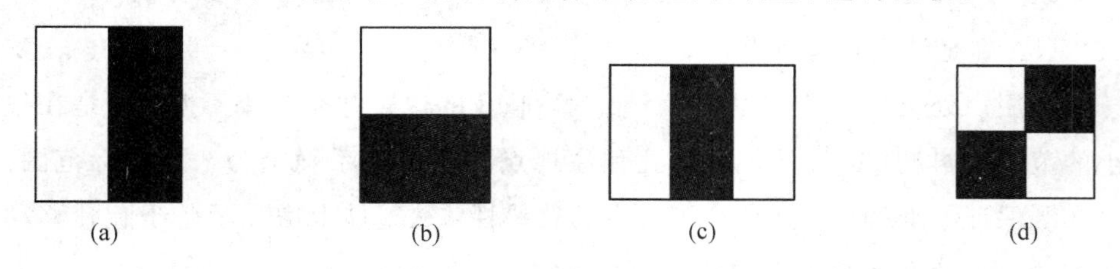

图 6－5　常见的四种 Haar 特征

本系统的眼部识别过程就是利用了 Haar 特征。由图 6-6 可以看出眼睛与脸颊相比，眼睛属于黑色块；鼻梁与两边的部位相比，鼻梁属于白色块。结合这两个部分的 Haar 特征就可以完成对眼部的识别，相关代码如代码 1。

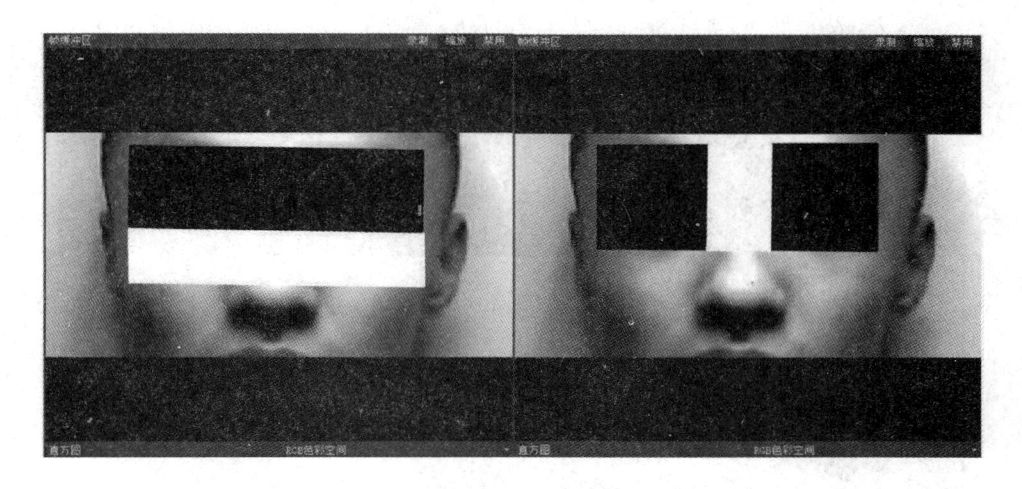

图 6-6　眼部的 Haar 特征

代码 1：

```
import sensor, time, image
#引入相关模块
eyes_cascade=image.HaarCascade("eye", stages=24)
# 加载眼睛的 Haar 算子
clock.tick()
#捕捉传感器内的图像
img = sensor.snapshot()
eyes=img.find_features(eyes_cascade,
threshold=0.5, scale=1.5)
#眼部识别
```

(2) 眼部定位。

为了提高瞳孔检测的准确性和效率，应缩小瞳孔检测的范围。首先应对眼部定位，并在眼部范围内完成对瞳孔的识别。因此以眼睛为中心建立矩形区域(x, y, h, w)，左上顶点为(x, y)，宽为w，高为h。所得到的结果如图6-7所示。

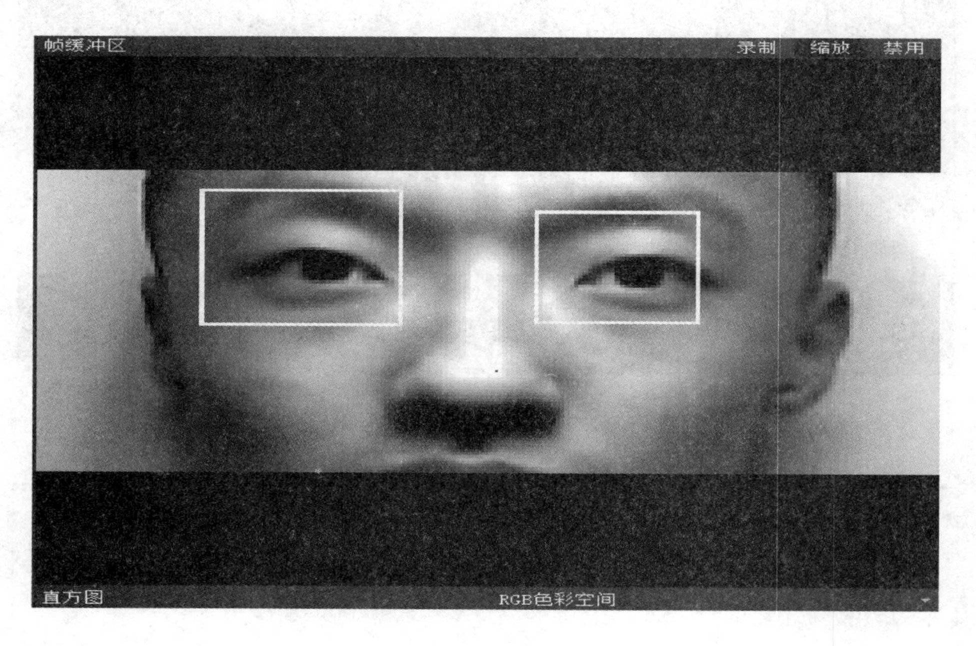

图6-7 眼部定位图

(3) 瞳孔检测。

瞳孔是眼部区域内颜色最深处的中心。其相比于眼部区域内的其他部分是黑色块，利用这一特征就可以完成瞳孔的检测。

用户的头部相对于摄像头静止时，当注视点发生变化时，变化的只有瞳孔的位置。在基于瞳孔移动轨迹的身份认证系统中，认为瞳孔的中心即瞳孔的位置，用十字形标记瞳孔中心并生成二维坐标。所得到的结果如图6-8所示，相关代码如代码2。

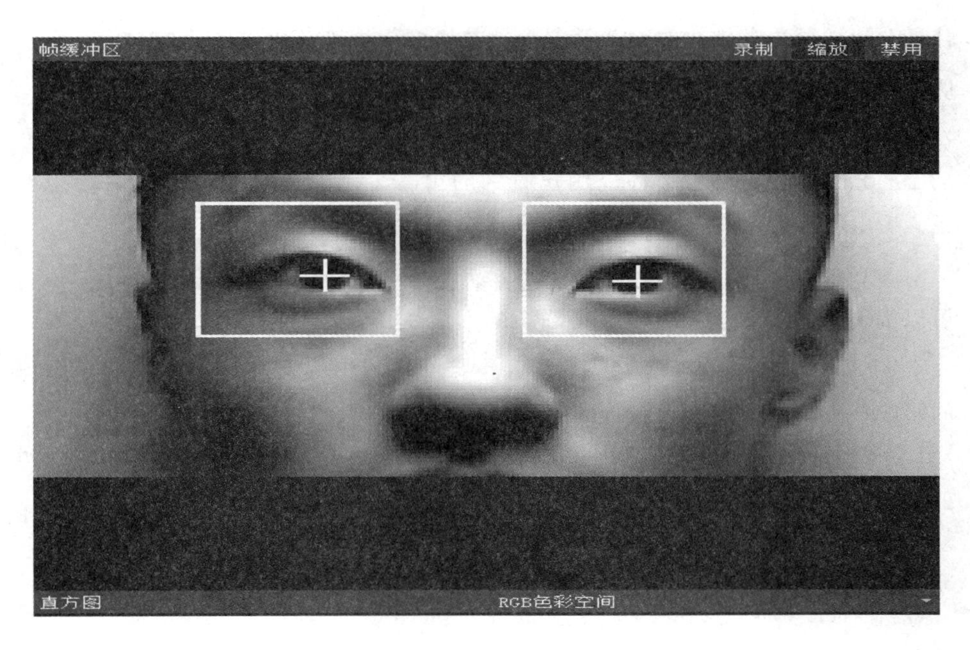

图 6-8　瞳孔定位图

```
代码 2：
for e in eyes：
iris = img.find_eye(e)
#image.find_eye((x, y, w, h))，find_eye 的参数是一个矩形区域，左上顶点为
#(x, y)，宽 w，高 h，注意(x, y, w, h)是一个元组
#find_eye 的原理是找到区域中颜色最深处的中心
#用矩形标记人眼，用十字形标记瞳孔
img.draw_rectangle(e)
img.draw_cross(iris[0], iris[1])
```

3. 信息生成模块

(1) 数据的采集及预处理。

在未做任何处理就生成坐标的情况下，是以摄像头拍摄范围内的左上角顶点为原点建立二维直角坐标系。在这种情况下，利用坐标并生成轨迹进行身份

认证，就必须要求用户的瞳孔每次都处在摄像头识别范围内的固定位置。系统的实用性以及用户体验感就会变差。

为了提升基于瞳孔移动轨迹的身份认证系统的实用性，本系统采取了建立动态直角坐标系的方法，即以用户看到的第一个点为原点建立二维直角坐标系。采用这种方法的优点是：

① 相比于未做任何处理就生成坐标的情况，用户瞳孔的活动范围变大，可以提升用户的体验感以及认证系统的实用性。

② 在身份认证的过程中，减少了环境变化和用户本身对识别成功率造成的影响，从整体上提升了系统的容错性。

③ 通过建立动态直角坐标系减小了瞳孔坐标绝对值的大小，也在一定程度上提升了身份认证的效率。实现此过程的相关代码如代码 3。

```
代码 3：
basic1，basic2＝0，0
# 为下一步建立动态坐标系做准备
while (basic1＝＝0)and(basic2＝＝0)：
basic1＝iris[0]
basic2＝iris[1]
x＝iris[0]－basic1
y＝iris[1]－basic2
#利用 while 函数，以瞳孔的第一个位置为原点，减少外界因素的影响
#格式化后将瞳孔的坐标输出
#(iris[0]，iris[1])为未做任何处理的情况下生成的瞳孔的坐标
```

(2) 瞳孔转向追踪。

本系统通过 Openmv 摄像头与用户实现人机交互，将捕捉到的图像传到系统终端。在计算出上一帧的瞳孔坐标的前提下，对视频流中的下一帧瞳孔进行定位并计算出坐标。

基于瞳孔移动轨迹的身份认证系统中用于识别眼部的 find_features 函数和识别瞳孔的 find_eye 函数的捕捉和计算速度是非常快的。因此，在认证系统

运行的过程中，系统终端的处理速度和传感器的图像传输速度基本上可以达到同步，实现的流程如图 6－9 所示。

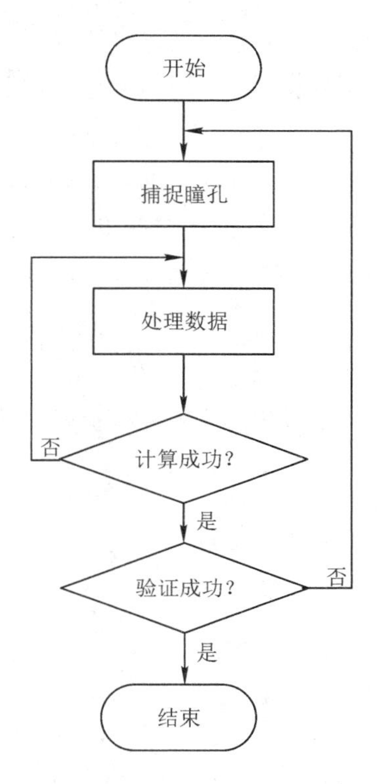

图 6－9　瞳孔转向追踪流程图

基于以上原理，认证系统可完成瞳孔转向跟踪功能。

4. 身份认证模块

1）瞳孔追踪的主要参数

（1）注视次数。注视次数是判断瞳孔移动轨迹的重要衡量指标，表示对某一区域的感兴趣程度。对某一区域注视的次数越多，说明用户对这一区域的感兴趣程度越大。但是注视次数与对这一区域的注视时间也是成正比的。

（2）注视时间。注视时间是衡量用户感兴趣的另一个重要指标。用户对某一区域的注视时间越长，说明用户对这一区域的感兴趣程度越大。

（3）注视序列。注视序列是完成身份认证的核心依据，指用户对感兴趣区域的先后观察顺序。

2）身份认证

在基于瞳孔移动轨迹的身份认证系统中，通过对某一区域的注视次数来判断是否为用户感兴趣的区域。结合身份认证的效率、用户体验以及认证系统处理信息的速度，规定注视次数不小于十次时即为用户的感兴趣区域，即处理视频流的帧数不小于 10 次/秒。

在判断完用户的感兴趣区域以后，就要结合感兴趣区域出现的先后次序来生成瞳孔的移动轨迹。所采取的方法是根据用户在身份认证过程中的注视序列，即用户对感兴趣区域观察的先后顺序进行排序，生成一条瞳孔的移动轨迹。

将用户在身份认证过程中生成的瞳孔移动轨迹与在系统终端注册用户信息进行比对。如果符合即验证通过，不符合即验证失败。完成此过程的流程如图 6－10 所示。

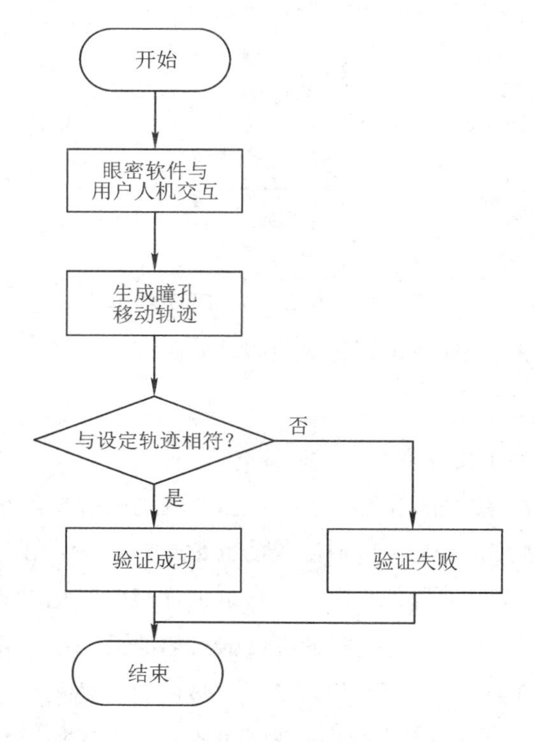

图 6－10　身份认证流程图

6.2.3　实验测试

本系统的程序图标如图 6 - 11 所示，UI 界面如图 6 - 12 所示，以下为此软件基本功能展示，所有展示以戴尔 G7 为演示对象。

图 6 - 11　程序图标

图 6 - 12　UI 界面

第一步：打开系统，在 UI 界面中，点击开始识别进入到认证系统的运行状态。点击退出系统，将关闭系统。

第二步：认证系统开始运行后，点击“连接摄像头”图标，连接 Openmv 摄像头；再点击“运行”图标，这时 Openmv 摄像头开始采集图像，并将采集到的图像显示在帧缓冲区，如图 6 - 13 所示。

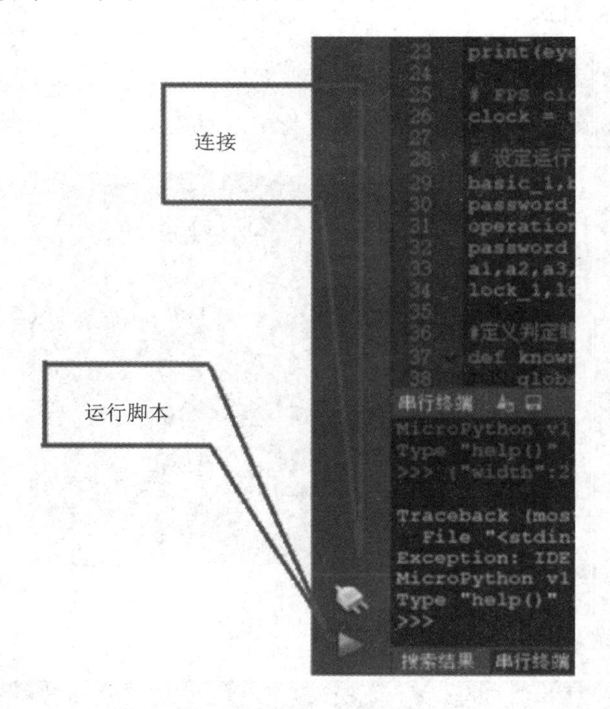

图 6 - 13　运行状态界面

第三步：认证系统会对视频流的每一帧图像进行分析，捕捉到瞳孔后生成其坐标数据，然后对下一帧的图像进行处理，如图 6 - 14 所示。

图 6 - 14　处理后生成坐标数据

第四步：对生成的瞳孔坐标数据进行分析处理，与系统终端已经注册的用户认证信息进行比对，然后将验证的结果在串行终端输出，如图 6 - 15 所示。

图 6 - 15　验证结果显示

6.3　实验环境配置及测试内容

6.3.1　实验环境

本系统的实验环境可以分为认证系统实现功能所需要的软硬件环境和完成身份认证的过程中所处的外界环境。

软硬件环境：基于瞳孔移动轨迹的身份认证系统利用 Python 语言编写，并通过 Openmv 摄像头与用户实现人机交互。本实验选择的硬件环境是：Windows10、Intel(R)Core(TM)i5-8300H CPU @2.30GHz、8 GB 运行内存、64 位的操作系统计算机，Openmv 红外摄像头。所选择的软件环境是：IDLE(Python3.7.9)、Openmv IDE。

外界环境：基于瞳孔移动轨迹的身份认证系统目的是在不同应用场景下对用户的身份进行认证。为保证用户在利用认证系统进行身份认证的过程中不受外界环境的影响，且测试结果真实可信，一般选择露天场合，光照正常、风速正常。

6.3.2　测试内容

1. 信息生成速度的测试

信息生成速度由信息采集速度和数据处理速度两部分组成。数据的处理速度非常快，基本可以和信息采集速度保持一致，因此信息生成速度主要受信息采集速度的影响。

在光线正常、认证距离适中的条件下，让受试者坐在用于人机交互的摄像头正对面。以亚克力塑料板上的 1 至 6 个点为例，对信息的生成速度进行测试。测试得到表 6-1 的实验结果。结合实验过程分析，认证系统利用 Haar 特征对瞳孔进行定位，因此当更多的眼部信息被摄像头采集到时，信息生成的速度更快。

表 6-1　信息生成速度实验结果

注视点	1	2	3	4	5	6
信息生成速度	15 次/s	17 次/s	15 次/s	17 次/s	20 次/s	18 次/s

认证系统以注视次数大于 10 次为感兴趣区域。所以在不同角度下的信息生成速度完全可以满足其需求。

2. 有效认证距离的测试

为了测试认证系统的实用性，本系统对用户与摄像头在不同距离下的认证效果进行了测试。从 30 cm 到 100 cm，以 10 cm 为一组进行测试，得到的测试结果如表 6-2 所示。

表 6-2　有效认证距离实验结果

距离/cm	实验次数	有效次数	成功率/%
30	10	4	40
40	10	5	50
50	10	9	90
60	10	10	100
70	10	9	90
80	10	6	60
90	10	2	20
100	10	0	0

通过对测试结果的分析以及结合基于瞳孔移动轨迹的身份认证系统的应用前景，可以得出在 50～70 cm 的认证距离区间内认证效果最好，实用性更高。

3. 身份认证成功率的测试

为使测试结果真实可信，选择不同的外界环境和不同的认证距离来进行测试。测试得到表 6－3 的实验结果，结合实验过程分析，造成验证失败的原因有用户不按照规定进行认证、光线过于昏暗、认证距离过大等。

表 6－3　身份认证成功率测试结果

光照条件	认证距离/cm	实验次数	有效次数	成功率/%
3.2 W LED 照明灯(白光)	40	7	5	71.42
3.2 W LED 照明灯(白光)	60	6	5	83.33
3.2 W LED 照明灯(白光)	80	8	4	50.00
3.2 W LED 照明灯(暖光)	50	6	4	66.67
3.2 W LED 照明灯(暖光)	60	10	8	80.00
3.2 W LED 照明灯(暖光)	70	10	8	80.00
3.2 W LED 照明灯(自然光)	50	10	8	80.00
3.2 W LED 照明灯(自然光)	60	6	5	83.33
3.2 W LED 照明灯(自然光)	80	11	9	72.72
6 W LED 照明灯(白光)	40	8	6	75.00
6 W LED 照明灯(白光)	60	5	5	100.00
6 W LED 照明灯(暖光)	50	6	5	83.33
6 W LED 照明灯(暖光)	80	6	5	83.33
6 W LED 照明灯(自然光)	50	7	6	85.71
6 W LED 照明灯(自然光)	80	6	5	83.33
9 W LED 照明灯(白光弱光)	60	6	5	83.33
9 W LED 照明灯(白光弱光)	70	9	9	100.00

续表

光照条件	认证距离/cm	实验次数	有效次数	成功率/%
9 W LED照明灯(白光中光)	50	7	6	85.71
9 W LED照明灯(白光中光)	60	9	9	100.00
9 W LED照明灯(白光强光)	50	10	8	80.00
9 W LED照明灯(白光强光)	70	10	10	100.00

由实验结果可知，在大多数条件下系统认证的成功率都大于80%。在光线正常、认证距离适中的条件下，身份认证成功率最高。

6.4 软件试用及实验结果归纳

为验证基于瞳孔移动轨迹的身份认证系统的可用性，在不同条件下分别对认证系统的信息生成速度、有效认证距离进行了测试。总结分析得到的数据，并与预期结果进行比对。

通过对表6-1进行分析可知，在光线正常、认证距离适中的条件下，系统的信息生成速度为15～20次/s，远大于设定的以注视次数大于10次为感兴趣区域。完全可以满足用户对认证速度的需要，用户体验感良好。

通过对表6-2进行分析可知，在认证距离小于40 cm和大于90 cm时认证的成功率小于50%，在认证距离大于50 cm小于70 cm时认证的成功率大于90%，出现这一现象的原因与摄像头采集图像的分辨率有关，导致Haar特征呈现不明显。结合生活实际情况，50～70 cm的认证距离区间满足人们的需求，实用性更高。

通过对表6-3进行分析可知，在大多数条件下认证的成功率都大于80%。在光线正常、认证距离适中的条件下，身份认证成功率最高。影响认证成功率的因素主要是在不同条件下环境对摄像头提取眼部和瞳孔的Haar特征效果。总体来说，基于瞳孔移动轨迹的身份认证系统的认证成功率很高。

综合实验过程和数据分析结果，可以得出以下结论：

(1) 基于瞳孔移动轨迹的身份认证系统首创地将Haar特征与瞳孔转向追

踪技术相结合，生成了基于瞳孔移动轨迹的动态身份认证方式。不同用户的瞳孔移动轨迹不同且难以模仿，是对传统认证方式的安全升级，为身份认证领域提供了全新的思路，能够满足不同认证场景下的需要。

(2) 基于瞳孔移动轨迹的身份认证系统的兼容性强，稳定性好，对软硬件配置要求低，能够在支持 Python 语言运行的各操作系统中运行，开发成本和原料成本低，可以满足用户对价格和体验的需求。

(3) 基于瞳孔移动轨迹的身份认证系统对于瞳孔的捕捉速度较快，信息处理能力强，准确度较高，在复杂环境下依旧能对瞳孔运行轨迹做出准确判断，用户的体验感好，具有很好的发展前景。

6.5　系统的特点

基于瞳孔移动轨迹的身份认证技术以瞳孔捕捉、信息生成、身份判定三大模块为立足点，防护于根本，服务于生活。本设计应用了人机交互、瞳孔转向跟踪等技术，通过瞳孔移动轨迹认证识别，实现了对用户身份的认证识别，大大提高了认证识别的安全性和可靠性。

1. 作品创意源于未来，针对性强

随着科学技术日臻发达，现有身份认证技术的漏洞被衬托得越来越明显，如果无法找到一种领先的新型认证识别技术，在未来的认证领域，包括指纹识别在内的身份认证技术很可能成为一个难以弥补的漏洞，从而被不法分子利用，造成人民财产的损失。因此，基于瞳孔移动轨迹的身份认证系统作为新领域下的动态识别系统，其研究目的源于未来。我们只有下好“先手棋”，防患于未然，才能在未来认证领域方面占据主动地位，更好地服务于人们的生活。

2. 瞳孔轨迹识别方式新颖，实用性高

基于瞳孔移动轨迹的身份认证系统首先用 Openmv 摄像头与用户实现人机交互，并利用 Haar 特征进行瞳孔捕捉，大大提高了对瞳孔的捕捉速度和准确程度。然后将得到的瞳孔位置信息转换为二维坐标，最后通过瞳孔转向跟踪技术得到精准的瞳孔移动轨迹。

这种瞳孔轨迹识别技术首创将人机交互技术和转向跟踪技术结合，形成实用性较高的眼密认证方式，其轨迹识别准确，性能稳定，安全性高。

3. 应用推广前景广阔，安全性好

基于瞳孔移动轨迹的身份认证技术能够应用于门禁系统、安全部门的监控、企业的安保、移动支付等方面。特别是其虚拟、动态识别方式更是大大提高了安全性，有效保护了人民财产安全。此外，其操作方便、性能稳定、识别快、非接触性等优点也使其可以应用于更多领域，满足更多场景的需求，因而推广应用前景十分广阔。

参考文献

[1] 何立民，万跃华.基于隐马尔可夫链和支持向量机人脸识别混合模型的视频节目聚类标注[J]. 上海交通大学学报，2003，37(SI)：176-183.

[2] 张栋，蔡开元. 基于遗传算法的神经网络两阶段学习方案[J]. 系统仿真学报，2003，15(8)：1088-1090.

[3] 朱明，周津，王继康. 基于击键特征的用户身份认证新方法[J]. 计算机工程，2002，28(10)：138-139，142.

[4] 刘学军，陈松灿，彭宏京. 基于支持向量机的计算机键盘用户身份验真[J]. 计算机研究与发展，2002，39(9)：1082-1086.

[5] 张凯姣. 基于 Python 机器学习的可视化麻纱质量预测系统[D]. 上海：东华大学，2017.

[6] 张琦. 利用 Python 统计数据包特征值的研究[J]. 计算机安全，2011(6)：15-16.

[7] 黄宏昆. AI 时代独立本科学院开设机器学习课程探讨[J]. 福建电脑，2018(1)：169，147.

[8] DEMIR-KAVUK O，KAMADA M，AKUTSU T，et al. Prediction using step-wise L1，L2 regularization and feature selection for small data sets with large number of features[J]. BMC Bioinformatics，2011，12：412.

[9] DARA R A，MAKREHCHI M，KAMEL M S. Filter-based data partitioning for training multiple classifier systems[J]. IEEE T Knowl Data En，2010，22 (4)：508-522.

[10] BROWN M P S，GRUNDY W N，Lin D，et al. Knowledge-based analysis of microarray gene expression data by using support vector machines[J]. P Nat Acad Sci USA，2000，97(1)：262-267.

[11] FUREY T S，CRISTIANINI N，DUFFY N，et al. Support vector

machine classification and validation of cancer tissue samples using microarray expression data [J]. Bioinformatics, 2000, 16 (10): 906 - 914.

[12] HUA S J, SUN Z R. Support vector machine approach for protein subcellular localization prediction[J]. Bioinformatics, 2001, 17 (8): 721 - 728.

[13] GUYON I, WESTON J, BARNHILL S, et al. Gene selection for cancer classification using support vector machines[J]. Mach Learn, 2002, 46 (1 - 3): 389 - 422.

[14] LI S W, YING K C, CHEN S C, et al. Particle swarm optimization for parameter determination and feature selection of support vector machines[J]. Expert Sys Appl, 2008, 35(4): 1817 - 1824.

[15] LEE Y J, MANGASARIAN O L. SSVM: A smooth support vector machine for classification[J]. Comput Optim Appl, 2001, 20(1): 5 - 22.

[16] DURBHA S S, KING R L, YOUNAN N H. Wrapper-based feature subset selection for rapid image information mining[J]. IEEE Geosci Remote S, 2010, 7(1): 43 - 47.

[17] WEI B, PENG Q, KANG X, et al. A hybrid feature selection algorithm used in disease association study[J]. 8th World Congress on Intelligent Control and Automation, 2010: 2931 - 2935.

[18] 李璐. 安全两方计算关键技术及应用研究[D]. 合肥：中国科学技术大学，2015.

[19] JAGADEESH K A, WU D J, BIRGMEIER J A, et al. Deriving genomic diagnoses without revealing patient genomes [J]. Science, 2017, 357(6352): 692 - 695.

[20] LINDELL Y, PINKAS B. A proof of security of Yao's protocol for two-party computation[J]. J Cryptol, 2009, 22(2): 161 - 188.

[21] 杨杰，谭道军，邵金侠. 云计算隐私保护的 Yao 式乱码电路 kNN 分类

算法[J]. 重庆邮电大学学报(自然科学版), 2019, 31(6): 842 - 848.

[22] 王立昌. 基于安全多方计算的分布式基因序列相似性计算[D]. 杨凌: 西北农林科技大学, 2016.

[23] WANG S P. Pattern recognition, machine intelligence and biometrics [M]. 北京: 高等教育出版社, 2011.

[24] 王志芳. 消息鉴别与生物认证[M]. 北京: 人民邮电出版社, 2015.

[25] 杨小东. 自动指纹识别系统原理与实现[M]. 北京: 科学出版社, 2013.

[26] 刘平, 付丽华, 李志, 等. 自动识别技术概论[M]. 北京: 清华大学出版社, 2013.

[27] 丁世飞, 靳奉祥, 赵相伟. 现代数据分析与信息模式识别[M]. 北京: 科学出版社, 2013.

[28] 周丽芳, 李伟生, 黄颖. 模式识别原理及工程应用[M]. 北京: 机械工业出版社, 2013.

[29] 蒋源. 物联网及其在军事领域中的应用[J]. 物联网技术, 2013, 3(4): 63 - 65.

[30] 冯伟兴, 梁洪, 王臣业. VISUAL C++数字图像模式识别典型案例详解[M]. 北京: 机械工业出版社, 2012.

[31] 田捷, 杨鑫等. 生物特征识别理论与应用[M]. 北京: 清华大学出版社, 2009.

[32] 苑玮琦, 柯丽, 白云. 生物特征识别技术[M]. 北京: 科学出版社, 2009.

[33] 张铎. 自动识别技术与应用[M]. 武汉: 武汉大学出版社, 2009.

[34] 龙林. 基于多模态生物特征的身份识别[D]. 成都: 电子科技大学, 2003.

[35] 梁路宏, 艾海舟, 徐光佑, 等. 基于模板匹配与人工神经网确认的人脸检测[J]. 电子学报, 2001, 29(6): 744 - 747.

[36] 刘红毅, 王蕴红, 谭铁牛. 基于改进 ENN 算法的多生物特征融合的身份验证[J]. 自动化学报, 2004, 30(1): 78 - 85.

[37] 中国自动识别技术协会网址. http: //www. aimchina. org. cn

[38] 黄鑫. 特殊类文档的图像处理与字符识别[D]. 哈尔滨：哈尔滨理工大学，2017.

[39] 谭川奇. 基于内容的大规模数字图像检索技术研究[D]. 北京：北京理工大学，2011.

[40] 任荣梓，高航. 基于反馈合并的中英文混排版面 OCR 技术研究[J]. 计算机技术与发展，2017，27(3)：39-43.

[41] 袁向英. 基于 Android 系统的数据库开发和插件技术的应用开发[J]. 电脑编程技巧与维护，2014(2)：33-35.

[42] 刘效伯. Android 系统隐私泄露检测与保护研究[D]. 南京：东南大学，2017.

[43] 苏秀琴，张广华，李哲. 一种陡峭边缘检测的改进 Laplacian 算子[J]. 科学技术与工程，2006，6(13)：1833-1835.

[44] 曾敏，王泽勇，罗林，等. 基于 OpenCV 的安卓 Camera 应用设计与实现[J]. 信息技术，2015(8)：195-198，201.

[45] 拉斐尔 · C · 冈萨雷斯. 数字图像处理[M]. 北京：电子工业出版社，2003.

[46] 周峰，刘辉，李超峰. SIFT 算法在图像配准中的应用[J]. 办公自动化，2009(11)：40-41.

[47] 刘焕敏，王华，段慧芬. 一种改进的 SIFT 双向匹配算法[J]. 兵工自动化，2009，28(6)：89-91.

[48] 肖艳芹. 基于内存的 what-if 分析技术研究[D]. 北京：中国人民大学，2009.

[49] 刘俊熙. 图像检索系统中相关反馈技术的检索过程分析[J]. 图书馆学研究，2004(1)：88-90.

[50] 国家技术监督局. 信息技术、安全技术、信息技术安全性评估准则[M]. 北京：中国标准出版社，2001.

[51] 张效祥，徐家福. 计算机科学技术百科全书[M]. 3 版. 北京：清华大学出版社，2018.

[52] HASEMAN C. Android essentials[M]. Apress，2008.